JN138008

ガトーショコラだけで年商3億円を
実現するシェフのスゴイやり方

余計なことはやめなさい！

ケンズカフェ東京
氏家健治
Kenji Ujiie

集英社

余計なことはやめなさい！

ガトーショコラだけで年商3億円を実現するシェフのスゴイやり方

頑張っているのに、なぜか結果が出ない……。

本書を手に取ってくださった方は、
こんな思いを日々抱いてらっしゃるのではないでしょうか？

かつて、私もそうでした。

毎日、ため息をついていましたが、
ついに行き詰まって「余計なものを捨てた」ところから、
業績は驚くべきV字回復を遂げました。

あなたも、まず何か1つ、捨ててみませんか？
きっとあなたのビジネスは、息を吹き返します。

すぐ目の前に、ストレスのない、あなたらしい人生が待っています。

「余計なことはやめなさい！　ガトーショコラだけで年商3億円を実現するシェフのスゴイやり方」　目次

序章　忙しすぎて、儲けることをおろそかにしていませんか？

第1章　余計なことをやめるたびに、会社が大きくなった

第2章　余計なことをやめたら、こんなにいいことがあった

第3章　「余計なことをやめる」代わりに、ますます強化すべきこと

第4章 「余計なことのやめ方」にはコツとタイミングがある

第5章　ブランドは、余計なものを捨てた先にある

終章　人の役に立とう

序章

忙しすぎて、儲けることをおろそかにしていませんか?

〝貧乏暇なし〟から一転、儲かる商売に

経営者、個人事業主、管理職……。ビジネスマンは常に多くの問題を抱えています。どうやったら売上が上がるのか、どうしたらお客様を開拓できるのか、どのようにしたら適切な利益を確保できるのか。解決を迫られる問題に直面しながらも、なかなか糸口がつかめない、将来の展望が見えてこない。

胃が痛くなるような事態を経験したことのない人はいないはずです。

加えて、日々多くの業務に追われています。雑務、細々とした付き合い……、それぞれの役職に加えて、こうした雑多な業務に追われてしまうとろくに休みもとれず、ストレスは溜まる一方です。

それでいて収益はなかなか上がらず、余裕はゼロ。時間に追われ、仕事に追われ、肝心の「儲けること」がおろそかになり、目の前のことを片付けるだけで精一杯。まるで貧乏暇なしの典型的なパターンでしょう。

かつての私がまさにそうでした。

私は１９９８年にオーナーシェフとして東京の新宿御苑前に「ケンズカフェ」という名前の小さなイタリアンレストランを開きましたが、数年間は赤字続き。自分の給料もまともに出ず、貯金を食いつぶし、正直に言って、倒産一歩手前の危機的状況でした。

しかし、現在の私はもう違います。

おかげさまで商売は順調に成長しています。

苦境から好調に転じた理由は、一言で言えば「余計なことをやめたから」。

余計なことをやめ、不要と思われることから手を引き、無駄をなくしていくたびに、業績は上向き、収益は大幅にアップしました。

もう明日の支払いに悩むことはありません。

時間に余裕が生まれ、ストレスもなくなりました。やりたかったことにチャレンジできるようにもなりました。

そう、かつての窮状がウソのように、余裕を持って事業を回せるようになって、自分らしい人生を手に入れることができたのです。

余計なことをやめれば好循環が生まれる

きっかけは、ディナーの時間帯の客入りがあまりにも悲惨だったため、レストランの常識では考えられない、通常営業をやめて宴会に特化したことです。

結果は大成功。それまで赤字続きだった業績を黒字に転じさせることができました。

そこから私は次々に余計なことをやめていきました。

一方、宴会のデザートに提供していたガトーショコラが人気だったことに着目し、ガトーショコラの単品売りを開始。ランチも喫茶もやめ、名称も「ケンズカフェ東京」に変更し、ガトーショコラだけを売る洋菓子の専門店になりました。

その後、最後まで残していたレストランの宴会からも思い切って手を引きました。

それだけではありません。

ガトーショコラの販売に特化してからも売上の70％を占めていたネット通販をやめ、ついに私はガトーショコラ作りからも卒業。つまりシェフ業もやめてしまいました。正確に言えばたまに作ることもあるのですが、基本的にいまはスタッフにガトーショコラの生産は任せています。


こうして、**余計なことをどんどんやめていった結果、創業20周年にして、「ケンズカフェ東京」はガトーショコラ1本で年商約3億円を稼ぐ店に成長しました。**

スタッフは4名、品揃えは正真正銘1つ、消費税込み3０００円のガトーショコラだけ。サイズも味のバリエーションも一切ありません。毎日1本13㎝のガトーショコラを作って販売しているだけです。年間、約10万本を製造・販売しています。

「余計だ」と思ったことをすっぱりとやめたおかげで、私の頭の中はスッキリとクリアになり、本質的な仕事に専念できるようになりました。そして、苦境を脱することができたのです。


余計なことに追われている日々は、目の前のことで視界が曇っている状態です。遠

くを見渡すことなど不可能。いえ、遠くどころか、半年後、1年後のことすらわからない。日々の忙しさで見通しがきわめて不明瞭な状態です。

当然、戦略的な思考などできません。個々の仕事の重要度もわからずに、場当たり経営、その場しのぎ経営そのものに陥ります。

業績が悪化してくると、ますます気持ちは焦ります。どうしていいかわからないので、つい目の前の余計なことに逃げ込んでしまいます。

余計なことに追われていると、悪循環から抜け出せなくなっていくのです。

本書における「余計なこと」とは、「本質ではないこと」。「本質」とは「本当に重要なもの、実現したいこと」です。

あなたの仕事の「本質」とは何でしょうか？

視界がクリアになる！

アリ地獄のような状態から脱するには何をすればいいのか。答えは明白です。余計なものを手放すことです。

余計なことに煩わされなければ、本質に立ち返ることができます。自社にとって何が重要なのかを中長期的視点で考えられるようになる。つまり、戦略的思考ができるようになります。

視界が開けているということは**ビジネスチャンスも見える**ようになるということ。視界が曇っていると良い話を聞いてもそこからヒントを見出すことはできません。仮に気づけたとしても、優先順位付けができないので「いい話だな」と思って終わり。次につなげることは難しい。

キーマンに遭遇したとしても、そうだとは気づけません。結果、チャンスをみすみす逃してしまいます。

しかし、**いったん手放すべきものを手放すと視界がクリアになり、自分の立ち位置、**

やるべきことの優先順位をつかめるようになります。そうなればしめたもの。何が本質的な仕事かが見えてきます。明日を、未来を見据えてやるべきことがわかります。

私はそんな体験を積んできました。いままで経営コンサルタントを付けたこともありません。

いま、何をやるべきかがわかるため、商売が成長し、儲けが膨らむ好循環をもたらすようになったので、コンサルタントを頼む必要性を感じないのです。

雑務に追い立てられ、いつも余裕がなく、気ばかり焦り、事業を軌道に乗せる道筋がつかめない。悪循環に悩んでいた日々とは対照的です！

断言しましょう。

余計なことをやめれば必ずどんな商売も上向きます。上昇気流に乗せることができます。年商3億円くらいまでなら、達成できるはずです。

ビジネスに悩みを抱えて本書を手にした方は、その原因は余計なことが多いからではないですか？

売上を上げよう、責任を果たそう、会社や店を守ろう、たくさんのことを考えるあまりに目の前の仕事に追われてしまい、視界が曇っているからではないですか？

優秀で仕事をさばける能力があるからこそ、**余計なことをついついやってしまうがための不調ではないですか？**

しかし、何でもやめればいいというわけではありません。**何をやめるのか、いつやめるのか、どのようにやめるのか。そして、やめる代わりに何をやるのか。**しっかりと「本質」を見極めなければなりません。

本書は私の経験をベースに、余計なことを捨て、ビジネスが一気に好循環に入る具体的なやり方を紹介しています。

ビジネスの中身に違いはあっても、好転させるための本質は同じ。

ガトーショコラ1つだけで年商約3億円を稼げるようになるまでのすべてを本書で明らかにしていきます。

1章では、余計なことをやめるたびに私の店が大きくなっていった経緯を。

2章では、どのようなことをやめたら、どんな「いいこと」があったか。
3章では、余計なことをやめる代わりに強化すべきことは何か。
4章では、余計なことの選び方とやめ方について。
5章では、余計なことをやめ続けると、ブランド力が手に入るということを。
そして終章では、私が考える真の仕事の喜びについて。

さあ、余計なことはどんどんやめようではありませんか。忙しいだけの日々に別れを告げ、儲けることに専念する。それこそがビジネスマンの使命。

みなさんの会社やお店も、必ず鮮やかな起死回生劇を実現できるはずです。

KEN'S CAFE TOKYO

ケンズカフェ東京　20年の軌跡

1998年　●イタリアンレストラン「ケンズカフェ」開店
●ランチ・喫茶・ディナーを提供

2002年　●「ぐるなび」にページ開設

2003年　●夜の営業は宴会だけに特化

2004年　●ガトーショコラのテイクアウト販売スタート

2005年　●ガトーショコラの通販サイト開設。ネット通販スタート

2006年　●ガトーショコラの内容量を500gから250gに変更
●価格は1300円から1500円に値上げ
（実質2倍以上の値上げ）

2007年　●1500円から2000円に再値上げ

2008年　●3000円に再々値上げ
●ガトーショコラ専門の洋菓子店として名称を
「ケンズカフェ東京」に変更

売上

▼やめたこと

▼ディナーを終了
利益が出始める

▼ランチと喫茶を終了

※売上の折れ線グラフ（経営状態）　黒字時期　赤字時期

2億円
1.5
1.0
0.5
0.4
0.3
0.2
0.1
0.0

2009年
●法人化
年商4700万円

2010年
年商3900万円

2011年
●東日本大震災
年商4200万円

2012年
年商6600万円

2013年
●プロの広報パーソンと契約。
年商9200万円

2014年
▼宴会メニュー「極上ウニパスタ」の大ヒットとともにレストランを終了

2015年
●ファミリーマートとコラボ開始
年商1億5000万円
▼売上の7割を占めていたネット通販を終了

2016年
年商2億1100万円
▼経営に専念するため氏家健治シェフ卒業

2018年
●創業20周年
年商約3億円の見込み

第1章

余計なことをやめるたびに、会社が大きくなった

開業から数年は赤字続き

余計なことをやめるたびに売上は伸び、利益が増えていく。余計なことを手放すたびに会社がどんどん成長していく。このウソのような話を、私は現実に経験してきました。

実際に何をやめたら売上が伸びていったのか。まずは、ケンズカフェ東京の右肩上がりの業績ヒストリーをご紹介しましょう。

いまでこそケンズカフェ東京はガトーショコラ1本で年商約3億円を売上げていますが、1998年にオープンしてからの数年間は悲惨でした。

とりわけ、しんどかったのは開業から5年間ほどの時期です。いまでもあの時期のことを思うと辛い気分がよみがえってきます。

当時、私は29才。イタリアンやホテルのレストランで修業をした後、カジュアルな「カフェ」という業態で自分の店ケンズカフェを開きました。レストランなのに「カフェ」という名称を取り入れたのは、値段も雰囲気もカジュアルなイタリアンの店にしたいと考えたからです。

この頃、ちまたではカフェブームが起きつつありました。いまに至るカフェブームのはしりです。気軽に手軽に利用できるカフェ風の店でレストラン水準の本格的なイタリアンを楽しんでもらえれば、きっと支持を集めるはずだ。ファンを獲得できるに違いない。これが、念願の自分の店を開くにあたって私が練りに練ったコンセプトであり、予想でした。

しかし、この目論見は見事に外れてしまいます。


ケンズカフェではランチにはパスタメニューを揃え、ディナーではパスタとピザを中心にメニューを構成していました。

パスタランチの価格は950円。ご存知の方も多いと思いますが、ランチで得られる利益はわずかばかりです。ランチはディナーにお客様を呼び込むための集客手段の1つ。利益を落として提供しているご奉仕メニューに近い。レストランの場合、売上の要はなんといってもディナーです。

しかし、ケンズカフェの立地はビジネス街。ランチタイムには周辺企業にお勤めのお客様がそこそこ来店されますが、夜ともなるとあたりは閑散としてしまいます。仕事が終わると、新宿御苑前エリアではなく、飲食店が密集していて選択肢の多い新宿エリアに繰り出す会社員が多かったからです。

ランチタイムにいくら集客できても、1日当たり2回転が上限。当時は日曜祝日のみを定休日とし、土曜日も営業していましたが、土曜日のオフィス街は平日の賑わいとは比べ物になりません。お客様の入りは平日の半分程度でした。

ディナーの来客は少なく、土曜日のランチ客もわずか。つまり、ケンズカフェの収益の柱は平日のランチタイムだったということ。どれだけ悲惨だったかがおわかりいただけるでしょう。

ロケーションがあまりレストラン向きでないことは最初から覚悟していました。丸ノ内線の新宿御苑前駅から徒歩3分ほど。駅からは近いのですが、表通りからは1本入った場所にあるため、店の前の通行量は決して多いとはいえません。店の存在が目立たない立地です。

なぜそんな場所に店を開いたのかといえば、店の規模は18坪で、カフェスタイルの店としてはちょうどいいサイズであり、家賃も25万円と手頃だったため。立地が多少悪くても努力でなんとかなると考えていたのは、甘かったといえばそれまでですが、実際に営業を始めるまでは、これほどまで夜の時間帯の集客が難しいとは予想もしませんでした。

日々の売上は損益分岐点をかろうじて上回る程度。営業を終了し、レジをしめてはため息をつく毎日でした。

ついに倒産のXデーが見えてきた

やがてオープンから月日がたち、ピカピカだった店もそれなりに古くなってきました。メンテナンスはしっかりとしていましたが、くたびれてくるのはどうしようもありません。

それに比例するかのように売上は徐々に落ち始め、損益分岐点どころか赤字が出るようになりました。赤字額は月に10～50万円ほどでしたが、これが毎月続くのですからたまりません。

赤字をどうやって補填したと思われますか？

これも最悪のパターンですが、私は自分の貯金や保険を切り崩すことで店を継続させました。高級カメラを売って支払いにあてたこともあります。自分の給料など二の次。当時は料理を私が作り、接客にはアルバイトを雇っていましたが、まずは従業員への支払いが先決です。

売上は悪い、自分の給料は出ない、貯金は減る一方の悪循環をたどり、絵に描いたような「綱渡り経営」の日々が続きました。

資金がショートするXデーに突入するのももはや時間の問題。何度、「倒産」を覚悟したでしょうか。

貯金も尽きてきたあの頃、大きな期待を寄せてくれていた父に店の経営について相談することなど到底できず、内緒で母からお金を借りたこともあります。

私は当時33才。まわりは結婚して家庭を持っている人もいるのに、いったい自分は何をやっているのだろう。悔しさ、悲しさ、情けなさ、さまざまな思いに押し潰されそうになっていました。

自殺をしようとまでは思いませんでしたが、もし店が潰れたらどこかほかの店でアルバイトをするしかないのか。そんなこともよく考えました。

あの頃のケンズカフェは、飲食店が潰れる典型的な路線をひた走っていました。

夜の時間帯は宴会だけに絞り込んで赤字から脱出

最悪のステージから、いかにしてケンズカフェは再生を果たすことができたのか。

私は腹をくくりました。ディナータイムに食材を揃え、来るかどうかわからないお客様のために店を開け、待機していても、ほとんどお客様は来ないのです。

食材のロスが増え、時間を無駄に費やすだけ。アルバイトに払うバイト代も、肝心のお客様が来なければまったく意味のない支出になります。

私は思い切って夜の時間帯は通常営業をやめ、宴会に特化しました。宴会の予約が入らない日は店を閉じてしまうのです。

宴会の優れた点は、完全なる「受注生産」であることです。先に予約を受けてから準備をするのでいろいろな意味で無駄がありません。

2時間なら2時間、2時間半なら2時間半といった具合に時間制限を設けておけば、きっちりその時間内に食事が終了するのは、店にとってありがたい点です。通常のディナーの場合、予約がない限り、いつお客様が入り、いつそのお客様が退店されるのか不確定ですが、予約前提の宴会であれば事前に回転率を把握できます。

利益率の高さも宴会の大きなメリットです。予約に応じて食材を揃え、用意しておけばいい。無駄なく食材を仕入れることができるので廃棄ロスが発生しません。

人件費も同様です。宴会の時間帯に合わせて人手を確保しておけば、人件費を抑えることができる。光熱費についても同じこと。

宴会に特化することにより、食材から人件費、光熱費まであらゆる面で効率的に店を回していくことができるようになったのです。

「やめた」効果を最大限に発揮するためネットを活用

私は宴会に的を絞り、「ぐるなび」のようなグルメサイトで積極的に集客を行いました。いまではこうしたサイトに力を入れるのは飲食店の常識となっていますが、

2002年当時は違いました。

ネットを活用する店が少なかったため、やればやるほど成果につながったのです。ディナータイムは宴会だけに絞り、その上で、目一杯集客できるようにネットを活用する。この方法でケンズカフェは息を吹き返しました。長きにわたった赤字時代に別れを告げ、利益を上げられる体質へと変身できたのです。


宴会だけに注力すると、利益率が大きく向上しました。**絞り込めば確実に利益が上がることを身をもって知ったこの体験が、のちにガトーショコラだけのビジネスに切り替えるという発想の原点になったのです。**

私に「余計なことの見極めがいかに大切か」を教えてくれました。余計なことをやめることに躊躇しなくなったのは、このときの経験があるからです。


レストランでありながら夜の時間帯を宴会だけに絞るという選択肢は、常識外かもしれません。中には邪道だと思う人もいるかもしれません。

しかし、ビジネスである以上、重要なのはきちんと儲けを出すことです。宴会に特化したからといって料理のクオリティを下げたわけではありません。お客様に満足いただけるコース料理を追求していました。

ガトーショコラに力点を置く

宴会戦略が功を奏し、ケンズカフェは赤字を脱してなんとか利益を確保できるようになりました。

ただし黒字化といってもたかが知れています。ようやく持ち出しがなくなり、月30万円ほど私の給料を確保できた程度。一時よりはずいぶんと楽になりましたが、ここで油断は禁物。１つの策がうまく行ったからといって、そこに安住しているといつまた危機が訪れるかもしれません。過去に倒産という最悪の事態を覚悟した経験から私は次の一手を模索しました。

そこで着目したのがガトーショコラです。

このメニューは２００４年頃からメニューに取り入れ、ランチや宴会のコース料理のデザートとして提供していました。小麦粉を使わず、上質なチョコレートを使用したガトーショコラは常連のお客様の間で評判となり、「持ち帰りたい」というニーズが高まってきたため、テイクアウトで販売するようになりました。

当時、街のスイーツ店やカフェで提供されていたのは「ガトーショコラ」といっても、そのほとんどは小麦粉をたっぷりと使い、チョコレートの風味には欠けているケーキ。豊かなチョコレートの香りとしっとりとした食感を楽しんでいただけるガトーショコラを召し上がったお客様はみな「こんな味は初めて」とびっくりされていました。

常に焼き立てを提供したいという料理人のプライドゆえに、当初は持ち帰りを希望されてもお断りをしていました。しかし、「どうしても」という声が日に日に大きくなっていったことから、テイクアウトを受け付けることにしたのです。

そんなには売れると思っていなかったので、告知といっても店頭でテイクアウト受付の表示を出し、メニューに差し込みのチラシを入れ、ぐるなびのサイト上でＰＲした程度。

ところが、最初は１日５本、10本といった注文が、やがて20本、30本と増えていきます。２００５年からは自社で通販専用サイトをスタート。全国への宅配を始めるとともにテイクアウト専用の注文フォームも設けました。

通販サイトを始めて驚いたのは、ポンポンと注文が飛び込んできたことです。とりわけ、母の日、バレンタインデー、クリスマスなどの需要は高く、「そうか、お客様は潜在的にこんなにいらっしゃったのか」と実感しました。

宴会で店を利用した後、家族への手土産としてガトーショコラを買っていくというケースも続出しました。飲み放題で４０００円の宴会料理を楽しんだ後に、別会計でガトーショコラをぽんと買っていく。そんなお客様の姿を見て浮かんだ言葉が〝別腹〟ならぬ〝別財布〟です。

価値がある商品ならば、出費した後でもふだん使っている財布とは別の財布を開いてくださるのだと実感しました。

既存客と別れる覚悟で大幅値上げへ

好評を受け、私はガトーショコラの値上げに踏み切りました。それまではお客様のリクエストに応える形でなんとなく販売してきたガトーショコラを、ここにきてケンズカフェのスペシャリテ（看板商品）にすることに決めたのです。

もともと、特にガトーショコラで儲けようとは考えていなかったため、当初の価格は薄い利幅で設定していました。しかし、ガトーショコラに力点を置く以上、適切な利益が得られる価格設定が欠かせません。

テイクアウトを始めた当初、ガトーショコラの価格は1本500gが1300円でしたが、内容量を思い切って半分にし、価格を1500円に値上げしました。実質2倍以上の値上げです。

味が濃厚で500gだと食べきれないという声が多かったことも「内容量を半分にして値上げする」という私の決意を後押ししました。結果は上々。食べきりサイズになったことで販売数は増え、利益は大きくアップしました。値上げを知って離れていったお客様もいらっしゃいましたが、一方で、手土産用として気軽に購入される方が増え、贈られた方が「今度は自分で」と来店されるケースも目立つようになりました。新規のお客様が増えたのです。

これは大きくブレイクするかもしれない。

肌で感じ取った確信を踏まえて、私は1年後に2度目の値上げを行いました。

新しい価格は2000円。従来より500円の値上げです。1500円に値上げしてからすぐに再値上げしたため、前回の値上げのときと同じように既存のお客様が離れてしまう事態が予想されました。

しかし、私はこう考えました。

既存のお客様が離れてしまうのは残念だが、前を向こう。新規のお客様を獲得することに力を入れよう。

味の決め手となるチョコレートのクオリティを上げ、より美味しいガトーショコラを提供し、2000円の価値があると感じてくれるお客様を新たに獲得する努力をすればいいじゃないか。「何度も続けて値上げするなんて」と離れてしまうお客様がいたとしても、新規顧客を開拓するほうがビジネスの存続にとっては重要だと1度目の値上げから学んでいたのです。

ある意味、ここで私は既存のお客様から意識的に「手を引いた」といえるかもしれません。飲食店や小売店では既存客を大事にして、客単価を上げることが必須の戦略とされています。

しかし、私はそんな既定路線に背を向けました。既存のお客様に感謝しつつ、お別れする覚悟を決め、商品の価値を高めることで新規顧客開拓へと舵をとったのです。

2000円からさらに1000円アップ！　3度目の値上げへ

2008年の春に願ってもないチャンスが訪れました。影響力の高いTV番組に2回、立て続けに紹介されたのです。

1つは、テレビ朝日の『大胆MAP』というバラエティ番組。もう1つは、フジテレビの『とんねるずのみなさんのおかげでした』の「新・食わず嫌い王決定戦」のコーナーです。ここで、藤井フミヤさんから当店のガトーショコラを推薦していただけることになったのです。

TVの影響力は侮れません。とりわけ人気番組である『とんねるずのみなさんのおかげでした』で紹介されれば大反響を呼ぶことが予想されました。

千載一遇のこの機会に、私は2つの策に打って出ました。

まずは番組放映の前に3度目となる大幅値上げです。ガトーショコラの価格を2000円から1000円値上げし、3000円に引き上げました。販売開始当初の内容量は倍の500gで価格は1300円でしたから、**実質的に価格は4倍以上にアップしたといえます。**

3000円へと値上げをする代わりに、材料もパッケージもこれ以上は考えられない高いレベルを目指すことにしました。私の決意を支えたのは、最高級の味を実現すればきっと新たなファンを開拓できるはずだという確信でした。

TVを観る人のほとんどは、初めてケンズカフェのガトーショコラの存在を知る人です。2000円時代を知る人にとっては3000円は1000円値上げされた価格ですが、TVで初めて知った人は値上げされたことをご存知ありません。3000円という価格を高いと思うかもしれませんが、それは単なる3000円という数字でしかない。むしろインパクトがあり「そこまで高いなら」と期待をもたせる金額でもあると考えました。

材料もパッケージも両方見直し、「最上級のクオリティ」を追求することにしました。チョコレートはそれまで使っていたヴァローナ社の「グラン・クリュ・マリアージュ」シリーズの「エクストラ・ビター」から「グラン・クリュ・テロワール」シリーズの最高峰である「アラグアニ」に変え、バターも国産バターではナンバーワンの水準とされる「カルピス特撰バター」に変更しました。

さきほど、1500円を2000円に引き上げるときに「私は既存のお客様とお別れする覚悟だった」と書きましたが、実際そのとおりになりました。

でもトータルでいえば、お客様が増えました。1度目の値上げも2度目の値上げも「え、値上げ？」と離れていったお客様の代わりに、**それ以上の新しいファンが増えたのです。**この2つの成功体験を糧にさらなる値上げに踏み切った私でしたが、結果は最高の形でもたらされました。

ランチと喫茶をやめて年商4700万円

「新・食わず嫌い王決定戦」で紹介されることが決まったとき、私が打ち出したもう

１つの策は、ガトーショコラ以外の商売をやめることです。正確にいえば、昼間の営業、つまりランチと喫茶をやめたのです。宴会だけは、〝保険〟の意味もあって残しましたが。

喫茶ではコーヒーを５００円で、ガトーショコラを３００円で提供していましたが、切り身とはいえ、かたや３００円で食べられて、かたや３０００円出さないと入手できないというのではなんともバランスが悪すぎる。そう判断したのが喫茶をやめた理由です。ランチはもとから利益率が低く割に合わない商売だったので、撤退に迷いはありませんでした。

宴会だけ残したのは、先に述べたように非常に効率がいいからです。予約に応じて食材を用意し準備すればいいので、無駄がなくリスクが少ない。ランチや喫茶のほうがよほど非効率です。

効率と売上を考えて宴会だけは継続しましたが、私はこのとき自分の店を実質、レストランからガトーショコラ専門の洋菓子店に変えたのです。

店名も「ケンズカフェ東京」に変更しました。

結果は見事な売上の数字でした。宴会部門は残したものの、ガトーショコラの生産と販売だけに商売を絞り込み、ガトーショコラの品質を上げパッケージを高級にし、価格を３０００円にしたことで売上は急増しました。ＴＶの反響を最大限に活かせたのです。

ケンズカフェ東京は翌年２００９年に法人化しています。この頃になるとコンスタントに月３００万円以上を売上げ、年商３０００万円を超えました。

月に１５０万円しか売上げられなかった頃と比べると雲泥の差です。

もっと繁盛しているレストランからすれば小さな数字かもしれませんが、かつては倒産の危機に瀕していた店です。それがここまで売上をあげられるようになったのは、ひとえに疲弊を生む商売をやめ、持てる力をすべてガトーショコラに注いだからに他なりません。

２０１０年の売上も文句なしです。この年は４７００万円の売上を達成しました。もう煩雑で利益が少ないランチタイムに振り回されることはありません。３０００円のガトーショコラが新たなファン、新たな価値を創造し、売上は順調に伸び続けました。

レストランの宴会をやめて年商1億500万円

2014年には最後まで残していた夜の宴会からも撤退しました。リスクの少ない〝保険〟という意味合いで残していた宴会です。続けることもできましたが、私はここにきてようやくガトーショコラ1本でやっていけるという自信を得ることができました。

もう1つ、物理的な動機もありました。ガトーショコラを入れる箱を置くスペースがもう店内には見当たらなくなったのです。

私はガトーショコラを値上げするたびに材料を見直し、パッケージもアップグレードしてきました。菓子店は折り箱を使っているところが多いのですが、それではとうてい高級感を演出できません。私は上質なガトーショコラにふさわしい「器」を追い求め、上質な貼り箱にたどり着きました。

しかし、折り箱のように畳めないため、この箱の置き場所がばかになりません。宴会をなくせば、テーブルを設置しているスペースを貼り箱の置き場所として確保できます。

毎日のようにそろそろ潮時ではないのか、いやもう少しと逡巡していましたが、あるときふと「よし、やめよう」と心の声が聞こえてきました。本当の意味でガトーショコラに注力する時期が訪れたのだと判断。高い利益率が見込めた宴会から完全に撤退する決意ができました。

この決断が思わぬ効果をもたらしました。宴会は利益率が高いと書きましたが、10人、20人分の料理を用意しなければならないので、当然、労力はかかります。お客様が来店される前の段取り、準備、調理、接客、最後の片付け。こうした多くの時間が一切なくなったことで、私は文字通りガトーショコラだけに専念できるようになりました。

ガトーショコラのファンをさらに増やしていくためには何をすべきか、どうすべきか。それを考え、実行することだけに自分の持てる力をすべて注いだ結果、宴会をなくした年には売上はさらに伸び、ついに1億5００0万円を達成しました。

「戦略とは戦う場所を決めること」とされますが、私の場合、**「戦略はガトーショコラに一本化すること」でした。**

以来、戦略を成功に導くための戦術として、空いた時間をすべて使ってガトーショコラの宣伝活動に力を入れていきました。戦略と戦術がうまくかみあったことで実現できたのが１億５００万円という数字です。

ネット通販をやめて年商2億1100万円

２０１５年にはネット通販もやめてしまいました。

注文機能はネット上に残しましたが配送はせず、来店されたお客様に手渡しで販売するテイクアウト販売のみにしました。

ネット通販はガトーショコラの売上の7割を占めていた最重要部門、メインの販売チャンネルです。ネット通販全盛のいま、そこから手を引くというのですから正気の沙汰ではないと驚かれることも多くありました。

しかし、あえて私は決断しました。

理由はトラブルが多く、非効率的だったからです。通販にはクレームがつきもの。

到着が遅れた、ガトーショコラの形が崩れている、箱が凹んでいるなどなど、店頭販売のように売っておしまいというわけにはいきません。

支払い方法として銀行振り込みを選択したのに、いつまでたっても振り込まない方、代金引換で注文したのにいざとなったらやっぱりほしくなくなったという理由で、宅配便会社からの電話に出ようとしない方、到着が少し遅れたという理由で料金をタダにさせようという悪質なケースも見られました。ときにはいわれもない理由でお客様から怒鳴られることもありました。

ネット通販は日本全国が商圏で、24時間いつでも手軽に注文できるというメリットがありますが、注文を受けるほうとしては理不尽なクレームや要求にも応えなければならないというデメリットがあります。

お客様の顔が直接見えない商売は怖い。私もスタッフもネット通販の売上ボリュームが増すにつれ、かなりの精神的な苦痛を感じるようになっていました。

売上の7割を稼いでいるネット通販をやめたら、数字が落ちることは当然避けられません。でも、**精魂を込めて作ったガトーショコラや私たち自身が不当な扱いを受けることを我慢し続けてはいけない。たとえ売上が落ちても心が通じる商売に徹しよう**

と考えたのです。
ただし、ネットから予約を入れた上でガトーショコラを受け取りに直接来店されるお客様も順調に増えていたので、ネット通販分の売上すべてがゼロになるとは考えていませんでした。利益的には３、４割程度落ちるだろうと予想していました。もちろんそれでも大打撃です。

ところが蓋を開けてみると、予想を覆して販売本数は増えていく一方です。ネット通販をやめた２０１５年の売上は落ちるどころか大きく伸びて、２億１１００万円に到達しました。

焼き立てのガトーショコラを丁寧に販売したからか、グルメサイトの点数も上がり、メディアからの取材もより一層増えました（２０１８年10月現在、食べログ全国チョコレート店ランキング第1位）。

このうれしい誤算は、インターネットでは買えない、店で買うしかない商品になったことでガトーショコラの希少価値が高まったからだと考えています。

そこに価値を見出せば、人はなんとしてでも手に入れたいと思うのです。注文が殺到し、ガトーショコラは数ヶ月待ちの状態が続きました。

百貨店の小売部門から扱いたいというオファーも相次ぎました。現在、毎日、数量限定で銀座の松屋と池袋の東武百貨店に卸しています。百貨店の外商のお客様に特別にお分けしたいという申し出も増えました。買い取りですから、ありがたいことに、こちらには何のリスクもありません。簡単に手に入らないものには価値があるのだと痛感しました。通販を続けていたら、そこまで「ありがたみ」は感じていただけなかったと思います。

しかし、私が何よりうれしかったのは、妙なクレームに煩わされることがなくなり、お客様から「美味しいガトーショコラをありがとう」という感謝の言葉をより多く聞けるようになったことです。

お金をいただいているのですから、お店のほうから「ありがとうございます」と言うのが当たり前。にもかかわらず、買っていただいたお客様からお礼の言葉をもらえるのは商売人冥利につきます。こんなにうれしいことはありません。

シェフ業をやめて年商3億円

2016年には私はシェフ業からも卒業しました。自分でガトーショコラを作ることをやめたのです。

それまでガトーショコラは私がすべて焼いていましたが、いまでは信頼できるスタッフに任せています。忙しい時期にはたまに私が焼いていますし、スタッフが休みを取るときに厨房に立つこともありますので、いまもシェフを名乗っていますが、現在、ガトーショコラを中心になって作っているのは私ではありません。

料理人として店を開いた私が料理から手を引いたと聞くと、未練はなかったのかと聞かれることがあります。

その問いに正直にお答えすると、**執着や未練は微塵もありません。**

私がやりたいことは、美味しいもので誰かを幸福にすること。

本質ではないことで、人からどう思われようと私には関係ないからです。ソニーの社長が自らTVを作ったり、トヨタの社長が自ら車を作ったりしているでしょうか。ずいぶんと規模は違いますが、私が選んだのはこれと同じ道なのです。

店を開いた当初、私は味にもサービスにもこだわってやってきました。料理の腕にも当然ですが自信はありました。

しかし、まったく商売は繁盛しませんでした。先に書いたとおり、いつ潰れてもおかしくない状況でした。

シェフ業にこだわり続けるのも1つのあり方です。しかし、**私にとって「本質」だと考えたことは「お客様に喜んでもらえることと利益を出し続けることを両立させること」。どんなに味にこだわり質にこだわり、上を目指しても、そこで利益を出せなければ、ビジネスでは意味がありません。**

いまの私は以前とは違います。

日本一美味しいと評価されているガトーショコラをお客様に提供し、かつ利益をあげられるようになりました。第4章で詳しく紹介しますが、2015年からはコンビニとのコラボレーション商品をスタートしました。2018年度の売上見込みは約3億円。いまではどこに行っても「日本一のガトーショコラのシェフ」と呼ばれます。精神衛生上もいまがベストの状態です。

1998年の開店から現在に至るまでの20年間を振り返ると、ケンズカフェ東京の歴史は間違いなく、余計なものを手放すごとに売上を伸ばしてきた歴史です。

本質的なものでないと薄々わかっているのになかなか手放せないもの、手を引く決意ができないもの。そうしたもののほとんどは、**業績が落ちることへの恐怖と、周囲からこういうふうに思われたいという、見栄や気遣いに端を発しています。**

私はもともと決断力が高いタイプではありません。オープンから倒産を覚悟するに至ってしまった５年の間に、頭をかすめては、なかなか踏み切れなかった数々のことがありました。この中からまず１つ腹をくくって手放したことで、好転したわけですが、それからも一気に手放すことはできませんでした。

結果が出るごとに、自分の仕事にとっての「本質」を見極めることの重要さを実感し、だんだんと手放していけたのです。


あなたにとって「本質」（本当に重要なもの、実現したいこと）とは何でしょうか？


経営がうまくいかない、売上が低迷している。そんなときにまずすべきことは何か１つ、余計なものから手を引くこと。それさえできれば、もう大丈夫。

後は本質的なものだけに力を注ぎ、成功を実現させるだけです。

第2章

余計なことをやめたら、こんなにいいことがあった

4Pのうち3つのPを重点的に見直す

余計なことを手放すとさまざまな「いいこと」が起こります。裏を返せば、余計であるにもかかわらず、いつまでたっても現状に執着してしまうと、ビジネスに「いいこと」は起こせません。この章では、私が余計なことをやめることで手に入れた「いいこと」を紹介していきます。

さて、ご存知の方も多いと思いますが、マーケティング用語に4Pという言葉があります。プロダクト（商品・サービス）、プライス（価格）、プレイス（流通・店舗）、プロモーション（宣伝活動）。この4つのPを組み合わせながら自分たちの店や会社にとって最適なマーケティング手法を考えるのがマーケティングの基本とされています。

実は、私が手放してきた「余計なもの」とは、4Pのうちプロダクト、プライス、プレイスの3つです。これらを徹底的に見直し、絞り込むことで、もう1つのP、すなわちプロモーションに注力する態勢を整えたのです。

このことを私は最初から意識して実践していたわけではありません。余計なことをやめる経験を繰り返す中で、プロダクトもプライスもプレイスも絞り込めば絞り込むほど、商売が本質的かつ効率的に回ることに気づいたのです。

しかし、プロモーションだけは違います。資本力のない会社にとって、「良い商品を作ったらそれを知らしめること」は商売を営む上での生命線。しばしば「良いものを作れば自然に広まる」と考えている人がいますが、モノや情報が氾濫している現代社会において、それは通用しません。

限られた資源を有効に使うために**「商売全体をできるだけ研ぎ澄ました上で、世の中に知ってもらう活動に注力する」**、この戦略が正解だと私は考えます。

そこでまず本章では、3つのPをどんなふうに研ぎ澄ましていったかをお伝えしたいと思います。続いて次章では、私がどんなふうにプロモーションに注力したかを紐解きます。

いくつもの商品やサービスは「余計なこと」〈プロダクトを研ぎ澄ます〉

目の前の商売を見直す

ケンズカフェ創業期の私は、店を開け、アルバイトに仕事の指示を出し、いつお客様が来てもいいように料理の仕込みをし、食器を整え、清掃し、ときにアルバイトに接客マナーを教え込むという毎日を送り、本当に忙しく働いていました。

ところが、万全な体制を整えても、お客様は来ない――。

つまり、これらの仕事はすべて結果として、「余計なこと」だったのです！　本来であれば、私はその時間を使って、このまま店を開け続けるべきなのか、ほかに方策はないのかを徹底的に考えるべきでした。

その後、私はようやく余計なことに時間を費やしていることに気づき、夜間は宴会以外の営業をやめました。あんな状況で5年も営業不振にあえいでいたのは、私が儲かりもしないディナー営業を続けていたからにほかなりません。当時の私は頭を使わず、余計なことと気づかず、忙しさの中に迷い込んでいたのです。

とはいえ、飲食店がその根幹であるディナー営業をやめたのですから極端な事例と思われるかもしれません。

でも、ぜひお伝えしたいのは、そういう当たり前のことこそ見直してほしいということ。**その業界のいわゆる常識をなんの疑問もなく受け入れてしまっていることにこそ、「余計なこと」は潜んでいるものなのです。**


あの頃私は倒産の危機に怯えながらもディナー営業をやめる、という選択肢を思いつきすらしませんでした。なぜなら、それが当たり前だから。飲食店がディナー営業をやらないなんて常識では考えられないから。

私の場合は、とうとう行き詰まってしまい、ようやくこの「当たり前」の呪縛が解けましたが、おかげで立ち直るまでにはずいぶん時間がかかってしまいました。

ですから、この章でまず真っ先に言いたいことは、「**本当にあなたが必死で取り組んでいるその商売にやる意味はありますか？**」ということです。

惰性や成り行き、単なる思い込みでやっていることに気づいたら、それは「余計なこと」である可能性が非常に高いです。「やめるとどうなるか？」という選択肢を持ちつつ一度見つめ直してみることをお勧めしたいのです。

２０１４年、宴会部門をやめたときも大きな決断でしたが、予想以上に時間的な余裕が生まれたことに驚きました。

宴会にかけていた時間がなくなったことで、私はガトーショコラにビジネス脳を全集中できるようになりました。持っていた荷物をすべて手放し、両手がまったくのフリーハンドになった状態です。

視界が一気に開け、自分がこれから何をやるべきか、どこに向かうべきか、道筋が見えました。

「最高のガトーショコラを提供することと、高水準の利益を上げることの両立。それがビジネスマンとしての私の役割だ。そして、戦略の核となるのはプロモーションだ」

このときに、そう確信することができたのです。

いま思えば、レストランを営んでいた私が、**唯一残していた宴会までもやめたことが、本当の意味でビジネスを加速させるベースになったと思います。**

目の前の商売は本当にやるべきことですか？

商品を磨き上げられる

次に商品についてお話しします。前述してきたように、ケンズカフェ東京では1本13㎝、3000円のガトーショコラだけを作り販売しています。サイズ違いもなければ、味のバリエーションもありません。正真正銘、1つのガトーショコラだけに全精力を注ぎ込んだ結果、「いいこと」がたくさんありました。

まず、真っ先に挙げたいことは、商品が磨き上げられるという点です。ガトーショコラだけに力を注ぎ、ダントツの味、圧倒的な商品力を追求することができるのです。

現に私は何度もチョコレートやバターなどの材料やパッケージを見直し、最高級を目指してきました。その結果、ガトーショコラはどんなところに手土産として持っていっても恥ずかしくないスイーツに仕上がっています。

外務省の元高官に気に入っていただいたことをきっかけに、現在、ガトーショコラは世界50カ国以上の駐日大使に定期的な贈り物として届けられていますが、それは高級ギフトにふさわしい商品力を備えているからです。

商品を磨けていますか？

廃棄ロスも販売機会ロスもゼロ

プロダクトの絞り込み効果として見逃せないのは、廃棄ロスと販売機会ロスがなくなったことです。

売れ残りを廃棄すると1円の利益にもならないどころか、材料費や手間がかかっているので収支としてはマイナスです。

廃棄ロスを減らそうと最初から作る数を少なくすると、今度は販売機会ロスが発生します。せっかくお客様が来店されても「売り切れ」が多いとがっかりされることは必至。度重なれば店離れを起こしてしまうでしょう。製造業にとって悩ましい点です。

廃棄ロスと販売機会ロスを同時に減らすことは容易ではありませんが、その点、私の店では**ガトーショコラしか作っていないので生産個数をコントロールすることが容易です。**売れ残らず、しかも、買いに来られたお客様に売り切れを告げずにすむには、毎日何個ガトーショコラを焼けばいいのか、かなり的確に予測できています。

これが何種類もの商品があったとしたら、どうでしょう？　適切な生産個数を予測するのはかなり難しくなります。商品Aは作りすぎて廃棄した、商品Bは足りなくて販売機会ロスを生んだ、などと無駄を招きがちなのではないでしょうか。

余らせて捨てたり、売り切れて販売できなかったりしていませんか？

データを分析しやすい

前項とも関連しますが、プロダクトを絞り込んだ結果、データの分析も容易になりました。どの商品がいつ何個売れたのか。販売データの分析は次なる戦略を立てる上での重要なプロセスですが、商品数が多くなると分析は難しくなります。その点、私の店では商品がガトーショコラだけなので、出てくるデータの分析はミニマムで簡単です。

どこから店のホームページに流入したのか、リンク元はどこか、どんなキーワードで検索してたどり着いたのか、滞在時間や離脱率、ホームページ内のどんなページを読んでいるのか。ツイッターやインスタグラムからの流入、口コミ検索の動向なども浮き彫りになります。こんなにわかりやすいことはありません。

常に1つの商品の動きだけを見ていられるので、やることには無駄がありません。情報は手にした者が勝ち。データを手にするということは「己」を知るということです。「己」が複数あるとどうしても戦力が分散してしまいますが、商品が絞り込まれていれば手にしたデータの解析だけに戦力を集中できる。絞り込みの大きな効果です。

マーケティングデータをきちんと分析できていますか？

製造工程はいたってシンプル

私はすでにガトーショコラ作りから手を引き、ほぼスタッフに製造を一任していますが、それもガトーショコラ以外の商売をすべてやめてしまったからできた決断です。商売や商品が複数あったら、毎日のオペレーションはもっと複雑になり、私が現場から離れることはできなかったでしょう。

特に商品を1アイテムに絞り込んだことで、厨房での作業は一気に効率化しました。ガトーショコラのレシピの手順はすでにフロー化できていて、その手順に合わせてキッチンの動線を組んだため、効率が非常に良いのです。

具体的には生産が円滑に進むように厨房を整理し、置き場所を工夫し、不便な段差もなくしました。工程に従い、製造スタッフは右から左へと動くだけ。厨房を行ったり来たりの繰り返しがないためストレスも迷いも無駄な動きもありません。

衛生管理も自慢できる点です。同業者にも取引先にも進んで厨房を見学してもらっていますが、見た人は誰もがその徹底的に効率化した厨房を見て「ありえない」「素晴らしい」と口にします。

しかし、まだ手をつけたい箇所があります。現在使用しているバター専用の冷蔵庫はセンターにピラー（柱部分）がついているタイプですが、これが意外に出し入れに手間取るのです。ストレスなく出し入れができるピラーレスの製品があることがわかったので間もなく買い替える計画です。**私が常に心がけているのは「1作業で3秒の短縮」です。その結果、ケンズカフェ東京は比類なきほどの生産効率を誇ります。**

このように、プロダクトが1種類だけになったことで厨房での作業の簡素化を極めることができました。そして何よりも素晴らしいことは、スタッフも私と同じガトーショコラを作れるようになったことです。

製造業で一番やっかいなのは業務が特定の人に依存してしまいがちなこと。その人がいなくなると商品が作れなくなったり、質が落ちてしまうという事態は絶対に避けなければなりません。

事業継承にも関連しますが、重要なのは誰でもできる体制を整えておくこと。その点、プロダクトが少ないので引き継ぎはスムーズです。1種類しか作っていないので商品のクオリティも保ちやすくなります。**プロダクトの徹底的な絞り込みは、属人的な作業を標準化した作業へとシフトさせる効果があるのです。**

自分にしかできない仕事が増えていませんか？

〝何でも屋〟にならなくてすむ

このようにプロダクトの絞り込みはメリットだらけです。ビジネスの基本は「商品の絞り込みにあり」。私はそう確信しています。

長らく商売を営んでいると、どうしても商品数が増えていきます。競合がそうしているから、などといった理由で必要以上にラインナップを拡大している会社や店がよくあります。流行を取り入れるという理由であれもこれもと手を伸ばしたり、お客様のニーズに応えたいという理由で品揃えを増やしたり。気持ちはわからないではありません。お客様に「こういう商品はありませんか」と尋ねられたとき「ありません」と答えるのは怖いことです。チャンスを逸したような思いに駆られます。でも、それが行き過ぎて、気がつけば何でも屋になってしまった。そんな例も多いのです。

「なんでもある」ということは、「これといった商品が特にない」とも言いかえられます。なんでもあると、自慢のアイテム、自信を持っておすすめできる看板商品の印象が薄れかねません。

そんな事態を防ぐためにも思い切って商品を絞り込みましょう。ケンズカフェ東京のように、商品を1つにすべしとまでは言いませんが（いえ、可能ならもちろんおすすめしますが）、現在の商品のラインナップが本質的に必要なのかどうか、そのことをいま一度見直してほしいのです。

複数商品があると売り場は華やかになり、お客様の多彩なニーズに応えているかのように見えますが、デメリットは少なくありません。

- 会社や店にとって本質的な商売をしているか
- 改良がおろそかになるなど、商品力が中途半端になっていないか
- 廃棄ロスや煩雑なオペレーションなど、無駄なコストが生じていないか
- マーケティングが複雑化し、戦略が立てづらくなっていないか
- 自分にしかできない仕事が増えていないか
- お客様から見たときに、何屋さんだかわからなくなっていないか
- 看板商品、基幹商品の印象が薄れていないか

そういったことを基準に、それぞれの商品やサービスが本当に必要なのかどうかを洗い出してください。

まず、**第一歩としては、自社にとってもっとも重要なものはこれ、次はこれ、といった具合に優先順位をつけてみることです。**それだけでも、余計なことに振り回される時間が減っていきます。

お客様にあなたの会社のウリは伝わっていますか？

商品の絞り込みが男性客の開拓につながった

ガトーショコラだけを扱うようになったら客層が広がった。そう言うと「逆ではないか」と疑われそうですが、これは現実の話です。

ケンズカフェ東京はお客様の半分が男性客。洋菓子店の客は大半が女性と相場が決まっていますから、これは異例の数字だと思います。

男性客の多さは3000円という値段とラインナップの少なさに起因すると私は考えています。スイーツ店に行くのはちょっと恥ずかしい、なんだか抵抗があると感じる男性はいまでも少なくありません。洋菓子は、種類が多くて、何を買ったらいいのかわからないという男性のほうが多いのです。

その点、ケンズカフェ東京はずばり男性向きです。なにせ商品がガトーショコラしかありません。カフェで女性客が多数お茶をしているお店とは違うので、遠慮せずに来店し買い物ができます。男性を煩わせる要素が少ないのです。

価格に対する耐性も男性のほうが強いです。女性は3000円という価格を前にすると躊躇し悩むことが多いのですが、男性はあまり悩みません。

男性客が多いため、ケンズカフェ東京では毎年ホワイトデーの売上がバレンタインデーを上回っています。市場規模としてはバレンタインデーのほうがホワイトデーの3倍以上あるにもかかわらず、です。

もちろんほかのスイーツ店同様、バレンタインデーの売上は高いのですが、それ以上に売れるのがホワイトデー。女性の場合、職場に8人の女性がいたら、8人でまとめて男性の上司にチョコレートを贈ることはよくありますが、贈られた上司が8人分をまとめてお返しするというのはレアケースです。上司は8人それぞれにお返しをします。

しかも男性は恥をかきたくないし、見栄を張りたいし、喜ばれたいという思いが強いためか、高価格帯にあまり抵抗がない。3000円なら許容範囲内。1500円という価格よりも2000円、3000円という価格のほうが男性にはピンとくるようです。

このように、3000円のガトーショコラただ1つという絞りに絞ったラインナップで、ケンズカフェ東京は男性客にも支持をいただき、ホワイトデーにもしっかりと利益を上げられる店になりました。

バラエティに富んだラインナップは、一見、さまざまな人の需要を獲得できるように思えます。しかし、実際には**その豊富さゆえに「迷わず選びたい」という人の需要を逃している可能性があります。**

男性客は「一択」を好みます。いえ、男性客だけでなく、人は「絶対おすすめ」に弱いもの。失敗をしたくない、本当に良いものを決め打ちで買いたいという消費者は多いのです。

これなら絶対間違いなし、自信を持ってどこよりも価値があると断言できる商品に絞り込むことで、むしろ客層が広がる可能性もあるのです。

お客様にとってちょうどいい選択肢を提供していますか？

値下げ圧力に応えるのは「余計なこと」〈プライスを研ぎ澄ます〉

価格を上げたら客筋が良くなった

前述したとおり、私は過去3回にわたってプライスにメスを入れ、値上げを断行しました。しかも短い期間内にです。最終的に内容量は当初の半分になり、価格は実質4倍以上になりました。客観的に見れば、とんでもない値上げでしょう。

しかし、結果として値上げには大きい利点がありました。まずは、**じゅうぶんな利益が確保できるようになったこと**で、材料やパッケージを3000円（消費税込み）という価格にふさわしいものにアップグレードできました。この後で詳しく述べますが、バターが不足するといった不測の事態を乗り切れたのは3000円に値上げしていたからです。

誤解を恐れずに言えば、お客様の格が上がったことも値上げによる大きなメリットです。明らかにいらっしゃるお客様の層が変わりました。

通販をやめてからはクレームもありません。考えてみれば、1本3000円のガトーショコラを「うっかり」買うケースはほとんどありません。みなさん、高いことを最初から承知の上で、高いからこそ上質な味であろうと期待して注文してくださいます。

高値を承知で買うというのは、つまり真剣だということ。どうしても食べたい、こういう機会に贈りたい、この人にプレゼントしたい。そんな真摯な気持ち、明確な目的で購入されているのです。


みなさんの会社やお店の商品、サービスは本当に適正な値段をつけていますか？もしかしたら、「業界ではこれぐらいが水準だから」という感覚で価格を設定したり、得意先の意向などを忖度して安値を付けてしまってはいないでしょうか。

価格は単なる数字ではありません。**商品に対する作り手の自信の表れです。**その自信がないからついつい安価な設定に走ってしまうのです。

安さは善、安さこそ集客力の源。そうした発想は私にはまったくの「余計なこと」。

世の中には値下げ圧力が蔓延していますが、下手にその動きに乗ってしまうと後戻りができません。

値下げ路線は本質を揺るがせ、体力を削がれる消耗戦の始まり。資本力がある企業や店であれば値下げをして思い切ってシェアを取るという戦略も可能ですが、中小企業や小さな店には望むべくもありません。

私の業界には、高いクオリティを備えながら商品を安く売りすぎている店がたくさんあります。洋菓子も和菓子もパンもとあらゆる方向に手を広げ、何屋なのかわからない、何がウリなのかがわからない、そしてどれも商品が格安、という店は枚挙にいとまがありません。やたらと広いラインナップ、無意味に安い価格設定。みなさん、心当たりはありませんか。

日本人は価格を上げることに強い抵抗感を持っています。値上げをしたら暴利を貪っているなどと言われるのではないか、お客様が離れるのではないか。だったら、安い価格のままで利益を犠牲にしたほうがまし。そんなふうに考える傾向があるように思います。

しかし、それは大いなる間違いです。あなたの商品には、あなたが長年培ってきたノウハウや信用がすべて詰まっています。原材料費に業界水準のマージンを上乗せしただけの価格でいいはずがありません。

安値を付けるということは、自分や自社の価値を落とすこと。プライスは価値の集積です。自信を持って、堂々と商品にふさわしい高値を付けてください。

安易に安値を付けていませんか？

単価が高いから原材料不足を乗り切れた

2014～2016年のこと、製菓業界はバター不足という緊急事態に陥りました。死活問題だったバター不足を私はなんとか乗り切れることができましたが、それもプライスを見直していたからです。

当時、バターを確保するために私がとったのは、極めてアナログな方法でした。業者向けではない一般のネット通販でプレミアム価格で販売されているバターを購入し、材料として用いたのです。

ほかにも紀ノ国屋や百貨店など、品質の良いバターを小売りしている店を足で回っては買い求めました。通常購入している価格よりは当然高くなりますが、背に腹は代えられません。

材料費が上がれば原価率が上がります。品薄の中、プレミアムがついて販売されているバターを使ったことで原価率は大幅にアップしました。当然ながら利益が圧迫されましたが、私はこのときすでにガトーショコラの価格を３０００円に値上げしていました。じゅうぶんな利益が見込める価格設定です。だからこそ利益率の大幅ダウンにも持ちこたえられたのです。

もし、値上げをしていなかったらと思うとゾッとします。仕方なく生産本数を少なくしてなんとかしのいでいたかもしれませんが、利益が出ず、大きな経営危機に直面したかもしれません。私の店を救った命綱は値上げ後の３０００円という価格でした。

東日本大震災も経験しましたが、自分の力ではいかんともしがたい外的な環境変化を乗り切るためにも、企業や店はじゅうぶんな利益を確保しておく必要があります。

特に日本は災害の多い国です。外的な環境変化に持ちこたえられる体質をふだんから作っておくことは経営者の使命です。

じゅうぶんな利益を確保するからこそ危機的な状況にも対処できるし、次の一手を打つこともできる。プライスを検討する際には、業界の相場や同業者や競合店のプライスではなく、何よりも自社・自店の利益に敏感であるべきです。

万が一のときに乗り切れるだけの利益を確保していますか？

「プロダクト×プライス」の掛け算が商品力を上げた

1本13cmという小ぶりなガトーショコラでありながら3000円。この価格は明らかに常識外れです。普通では考えられない設定ですが、だからこそ、「どれだけ美味しいのか」「そんなに美味しいのか」「本当に美味しいのか」という興味や関心を呼び起こしました。チョコレート好きであればあるほど、一度は試してみなくてはという衝動に駆られるようです。

加えて、商品は1種類のガトーショコラだけ。

ケンズカフェ東京のガトーショコラが高級ブランドとして広く認知されたのは、味はもちろんのこと「3000円の菓子1種類のみ」というシンプルさも功を奏したのだと考えています。

絞り込んだ「プロダクト×プライス」の掛け算が大きな効果を生んだのです。

ラインナップを決め、プライスを設定する際には、中途半端な考えではいけません。思い切りが必要です。ガトーショコラも2500円という中途半端な価格であったら、ここまでの反響はなかったはずです。3000円という価格だからこそ、メディアからの取材依頼が増え、露出度が大幅にアップしました。もうちょっとお客様が買いやすいように、あるいは少しでも安く見せたいからといって「2800円」や「2980円」という価格にしていたら、高級感は演出できなかったはずです。

商品価値を上げる価格を付けていますか？

ランチコースを値上げしたらミシュランガイドに紹介された、レストランの話

プライスを見直すことで利益が大幅にアップしたのは私の店ばかりではありません。値上げをすることで客筋が変わり、はては大変な栄誉に浴することができたフレンチレストランの例を紹介しましょう。

その店ではご主人がシェフ、奥様が接客を担当されています。シェフは非常に高度な技術を持つ上質なレストランです。

しかし、10年ほど前まではそんなに有名なお店ではありませんでした。昼にはランチタイムを設け、価格は２８００円、３８００円、５０００円の3種類。高級店としてはお得感のある金額設定でしょう。

お客様の大半は近隣のＯＬさんたち。彼女たちが頼むのはほぼ一番安い２８００円のランチでした。ランチは利幅を抑えて価格を設定しているので、正直、ワインなどアルコールを頼んでいただかないとなかなか利益が出ません。

ところがＯＬさんが頼むのは水。すぐ隣には５０００円のランチでワインを楽しん

でいるお客様がいらっしゃいますが、水しか頼まないからと、ＯＬさんを接客で差別することはできません。それは絶対にあってはならないことです。

なんとか利益を上げたいと、シェフはランチタイムの開始時間を従来の11時半から12時半に遅らせました。ＯＬさんの来店を遠回しに避けるためです。

しかし、それでもＯＬさんは時間を調整して来店される。ありがたいといえばありがたいことですが、どうしても利益が安定しないので、ついにこのお店はランチの最低価格を５０００円に変更しました。

これには大きな変化がありました。ＯＬさんの来店はがくんと減り、お客様の数は減少しました。そのかわりに、来店されるのはワインとシェフ自慢の料理をゆっくりと楽しみたいという方ばかりになりました。これこそシェフが求めていた客層です。

「自分たちが目指していたようにやろう」「想定していたお客様だけにターゲットを絞ろう」という決断がその後、何をもたらしたと思われますか？

その年にミシュランガイドの調査員がやってきて、このレストランは見事一つ星を獲得しました。そしていまも星を獲り続け、11年連続で一つ星に輝いています。フランス料理で星を獲るのは極めてハードルが高いのであっぱれとしか言いようがありません。実力があったからこその受賞です。

とはいえ、**覚悟を決めてアクションを起こしたから。**つまり本質を貫いたからではないでしょうか。もし値上げをしていなければミシュランガイドの調査員が来ても、星の獲得はなかったかもしれません。

店を知ってほしいからといってエントリーレベルの安価な価格を設定するレストランはよくありますが（かつての私の店のランチもそうでした）、その判断がターゲットではない層を招き、経営不振にあえいでいるケースをたくさん見かけます。

最初からOLさん向けの店であればそれでいい。しかし、彼らの店はそうでなかった。自分たちの立ち位置を明確にしようと価格を設定し直したことで、店が本来備えていた輝きを取り戻したのです。

このお店の例に見るように、商品力を磨いて、価値に見合っているとあなたが考える価格に堂々と設定して、利益をがっちりと確保しましょう。

求めている客層に見合った価格を付けていますか？

複数店舗展開は「余計なこと」〈プレイスを研ぎ澄ます〉

1店舗でしか売っていないから百貨店と取引ができた

私が絞り込んだ3つのPのうち、最後がプレイス（流通）、お店や営業所の数です。

これまで私は何度も何度も「ほかに店を出す計画はないのですか」と尋ねられてきましたが、ケンズカフェ東京の店舗は新宿御苑近くにあるだけの完全なる1店舗体制で、**新店の計画はまったくありません。**

店が繁盛しているのだから2号店、3号店を開くのは当たり前。全国主要都市に店を出す、あるいは百貨店に売り場を構えようとするのは当然だ。業界だけではなく、世間一般にもそうした発想が根強いようです。

しかし、店を複数持つことはそんなにいいことでしょうか。

私にはそう思えません。支店を増やせば新たなコストが発生します。人件費、家賃、光熱費。時間を奪われてしまうことも必至です。店舗数の拡大を目指し、**スケールアップしていくことがビジネスのすべてでしょうか。**複数店舗は私にとってはネガティブな要素しかありません。

多店舗化しないことによるメリットはたくさんあります。手に入れる場所が限定的なことでブランド力（ありがたみ）は上がりました。希少価値が高いという理由で松屋銀座や東武百貨店池袋店といった百貨店からお声がかかったのは先にお話ししたとおりです。お客様にとっては購入場所が増えるという利点が生まれました。

高級ドイツ車の顧客向けに開いたパーティーでゲストに配るプレゼントとして当店のガトーショコラが選ばれたことがありました。そのお声がけをいただいたのも**「ほかでは容易に手に入らない高品質なお菓子」だと認めていただいた**からです。

多店舗展開すれば売上は一気に上がります。しかし、お客様との接点を増やしすぎたためにあっという間に飽きられ、ブランド価値が低下してしまったという例は業種を問わず、掃いて捨てるほどあります。

１店舗だけに絞るのはなかなか難しいかもしれませんが、みなさんが展開しているプレイス（お店や営業所）の中に重荷になっている店舗はありませんか？　ブランド戦略上、本質と違っている店、どちらかというとマイナスでしかない店、やめても大勢に影響がない店がないかどうか、一度立ち止まって考えてみてはいかがでしょう。

店舗を増やしすぎていませんか？

通販をやめたらクレーマーが去った

4Pのうちのプレイスとは店や営業所であり、お客様が商品を購入できる場所のこと。その意味では、ネット通販をやめたこともプレイスの絞り込みといえます。

ネット通販はガトーショコラの売上の7割を占めていたメインの販売チャンネル。前述したように、ここをなくせば売上が下がることは目に見えていましたが、私はあえてネット通販から手を引きました。

ネット通販をやっていると、さまざまなお客様に遭遇します。顔が見えない商売だからか、お客様と直に接する店舗よりもクレームは過激化します。

ネット通販のメリットはデメリットの裏返しでもあるのです。ネット通販時代にお客様から寄せられたクレームの中には前述したように想像を超える、言いがかりとしか思えない、理不尽なものが少なくありませんでした。

売上の大半を占めているからという理由で我慢し続けることもできましたが、私は完全に手を引きました。

その勇気が持てたのは、余計なことをやめ続けてきた経験があるからですが、このとき強く思ったのは、**「理不尽な理由によるストレスに耐え続けるのは余計なこと」**なのではないか、ということ。

誰もがお客様や社会に喜んでもらいたいと思って、商売をしています。それなのに、理不尽な理由で貶められる。「仕事だから仕方ない」と自分や社員をなだめて売上のために我慢し続けるというのが、商売の常識かもしれません。

でも、私はそうは思いません。

不当に扱われ続けていると、次第にポジティブな仕事ができなくなっていきます。

自己評価が下がり、新しい挑戦を避けるようになってしまいます。売上を失うより、そのことのほうがよほど怖い。

前向きに、創造的に仕事をするためには、不当に扱われることを我慢してはいけないのです。

不当に扱われることを我慢していませんか？

お客様の声はときに「余計なこと」

お客様の声に振り回されなくなった

4Pのうち3つのP以外でも、私が「意識してやめて良かった」と思っていることに触れておきたいと思います。

「周囲の声を聞きすぎること」と「業績向上にこだわること」です。

まずは、周囲の声の中でも最大圧力の「お客様の声」についてお話しします。

ビジネスマンは、お客様の声を絶対視しすぎていると私は思います。

たしかに、お客様に受け入れられなければ商売は成り立ちません。その意味では、お客様は神様というほど、大切な存在です。お客様の声に耳を澄ませて改善していくことは、もちろん重要で、私もそうしています。でも、**言われたことにすべて対応す**

る必要はありません！

以前、宴会料理を提供していたとき、安さを求めるお客様の声を受けて、一時飲み放題３５００円のコースを設けたことがありました。結果は散々でした。

安いコースを利用されるのは、お酒を多く飲むことが目的のお客様が多く、利益率は大きく低下しました。客層も荒れ、何もいいことはありませんでした。

ガトーショコラについてもこれまでにいろいろな声が寄せられました。

「カットした切り身タイプを用意してほしい」

「ハーフサイズがあればいいのに」

「味のバリエーションがもっとほしい」

「数席でいいからイートイン・スペースを設けて」

「通販を再開してほしい」

お客様の要望をすべて叶えようとすれば、コストや手間が膨れ上がることは必至です。しかも、要望した本人が必ずしも利用してくれるとは限りません。

私がもっとも大事にしていることは、最高のガトーショコラの味を多くの方に体験してもらうことです。

これ以外のことは枝葉末節に過ぎません。枝葉末節に目を向けないからこそ、時間もお金も自分の能力やネットワークも本質に注ぐことができます。

お客様から「こうしてほしい」「ああしてほしい」という声を聞いたら、それは本質に合致しているのか否かをまずは吟味する。自分が本当に提供していきたい商品やサービスに不必要だと思えば、要望に応える必要はありません。

お客様は、あなたの会社が経営不振に陥っても、救ってくれるわけではないのですから。

お客様の要望に応えすぎていませんか？

関係者の声に惑わされなくなった

ガトーショコラの価格を1500円から2000円に上げたとき、私は周囲から猛反対を受けました。相談したのは友人、知人、従業員。それこそ周囲の人ほとんどに値上げの是非について聞きまくりました。

返ってきたのは値上げに反対する声ばかりです。その前に1300円から1500円に値上げしたばかりだったとはいえ、徹底的に否定されました。「時間をあまりおかずに、再度の値上げなんてありえない」と言うのです。

しかし、これからも高品質なガトーショコラを売り続けていくために、周囲の大半を占めていた反対派の声は無視して、私は値上げを敢行しました。その結果、利益を確保して品質の向上を図り、宣伝活動を展開することができたのです。

周囲の声を素直に聞いていなかったからこそいまの私があり、ガトーショコラは人気商品であり続けています。

さきほどお客様は最終的には会社や店を救ってくれないと述べましたが、友人や知人、従業員も同じです。**人の声に従うことで、なんとなく担保を得たような気がするだけ。それは本当の担保ではありません。**

お客様の声は絶対ではないし、関係者の声も傾聴に値するとは限らない。「**経営者**

は孤独」という言葉がありますが、耳を傾けるべきなのは自分の声であり、目指す方向性です。周囲の声は玉石混淆、雑音をシャットアウトする勇気を持ちましょう。

いい人になりすぎていませんか？

人間関係がスッキリした

もう1つ、振り回されないように意識していることは人間関係でしょうか。私は自分の処理能力が高くないことを自覚しています。低いからこそ、処理できる範囲や量をどんどん減らしてきました。

フェイスブックについても断捨離を行っています。私は友人であってもフォローを外したり、苦手な人はブロックすることにあまり抵抗がありません。

興味がない人、それほど親しくない人のタイムラインは見ないほうが精神衛生上もいい。

フェイスブックはそのうち卒業したいと思っていますが、まだメリットも感じているので、現在の方法で当面続けていくつもりです。

郵便物も大幅に絞り込みをかけています。商売をしていると毎日とんでもない量の郵便物が届きます。封を開けて中身をチェックするだけでも一苦労。多くの時間を奪われてしまいます。

しかも、それらの大半は読む価値がないものです。そこで思い切って1年前から「受取拒絶」というハンコを押してポストに戻すようにしました。

すると100％とは言いませんが、かなりの割合で郵便物が減りました。2年前の郵便物と現在の量とを比べると大違い。営業メールも同様です。

ただし、食事会や勉強会に誘われたら私はできるだけ参加するようにしています。人からの生の情報は役立ちますし、新しい人に出会ったときにうちの店のことをどれぐらい知られているのかをチェックできるマーケティングの場としても有効だからです。また「銀座経営者倶楽部」という勉強会では、素晴らしい経営者の方々と交流をさせてもらっています。

面白いもので、**自分にとっていま本質的ではない友人関係や郵便物を整理し始めたら、有意義な新しい出会いが増えてきました。**何かを捨てれば何かを得られるというのは本当です。

惰性で続けることほどばからしいことはありません。世の中にはもっともっと素晴らしい出会いが待っています。

しかし、受け皿がいっぱいになっているとそれができなくなる。余計なものを捨ててこそ、受け入れるスペースが生まれ、新しいビジネスチャンスを獲得できるのです。

人間関係を無意味に広げていませんか？

業績向上に縛られるのは「余計なこと」

右肩上がりの呪いから解放された

本章の最後に、私が本当にやめて良かったと思っていることをお伝えします。

それは、「**業績向上へのこだわり**」です。

私は「右肩上がりの呪い」と呼んでいます。

会社はどうしても売上至上主義に陥ってしまいます。対前期比、対前年比、対前年同月比。こうした指標にがんじがらめになり、**売上は伸ばして当然、それこそがビジネスマンの努めだと考えてしまいます。**

でも、**本当にそうでしょうか。**

私は赤字が続き、倒産という最悪の事態を覚悟した経験をしているので、**いっとき売上が落ちてもかまわない**と考えています。

売上がずっと落ち続け、赤字を垂れ流すのは問題ですが、1度や2度落ちる程度なら大きな問題ではないはずです。
どんな会社にも波があります。自分たちの力ではどうしようもない外的環境の変化で売上ダウンを余儀なくされることもあります。**永遠の右肩上がりなどは不可能です。**売上は落ちるときには落ちるのです。それよりも、**売上にしがみつくばかりに余計なことをするほうがマイナスです。**

チョコレート店の場合、夏場に売上が大幅に落ちるため、この時期にアイスクリームやゼリーをラインナップに加えて自ら忙しくしている店が大半です。お客様が少ないからと、割引セールを開催して、なんとか数字を上げようとする店もたくさんあります。

しかし、それは店にとって本当にプラスでしょうか。**焦って数字を作るより、その時間を使って本質的なことに向き合い、次の一手を考えたほうがよほど建設的**ではないでしょうか。

ケンズカフェ東京はいままでは真夏でも売上は落ちません。今年の夏は猛暑でしたが、ガトーショコラの販売は絶好調。2ヶ月待ちが続いています。売上が落ちてもいいと構えて、ケンズカフェ東京にとって何が本質的で何がプラスになるのかを最優先に考え行動してきた結果です。

右肩上がりの業績に縛られるのは、余計なことでしかありません。決算数字が前期より下がること、通帳残高が減少することに、いちいち落ち込むのはやめましょう。ジャンプする前にはしゃがむ必要があるのです。

右肩上がりでないとダメですか？

第3章

「余計なことをやめる」代わりに、ますます強化すべきこと

小さな会社は宣伝活動が9割〈プロモーションの重要さ〉

赤字脱出は宣伝活動のおかげ

前章で、プロダクト（商品・サービス）、プライス（価格）、プレイス（流通・店舗）、プロモーション（宣伝活動）というマーケティングの基本４要素のうち、私はプロダクトとプライスとプレイスを研ぎ澄まし、持てる力をプロモーション、すなわち宣伝活動に注ぎ込んだと述べました。いよいよこの章では、プロモーションについて詳しくお伝えしたいと思います。先に「余計なことのやめ方」を知りたい方は、本章の前に第４章をお読みいただいてもかまいません。

小さな会社であればあるほど宣伝活動に力を入れるべし。

これが私の持論です。良い商品であればおのずと人気が高まっていく。品質が良ければじわじわファンはついてくる。もしかしてそんなふうに考えてはいませんか？

はっきり言います。そうした固定観念はいますぐ捨てたほうがいい。いまや商品が高品質であるのは当たり前。**モノやサービスが良いのは、ヒットのそもそもの前提条件です。**まずそこをクリアした上で、知ってもらう努力、つまり宣伝活動が欠かせません。

そう私が考えるのは、**潰れかけていた私の店が宣伝活動によって息を吹き返し、蘇ることができたからです。**

私の店が特別だったわけではありません。あなたの会社や店もやり方次第で必ず再生できます。宣伝活動にはそれだけの力があります。

第1章で私の店が以前いかに傾くパターンの典型だったかをお話ししました。あれは2002年頃、自分の貯金を切り崩しながら毎月の赤字を補填していたものの、いよいよそれも尽きてきて、「ああ、これは12月まで持たないかもしれないな」と覚悟をしていたとき、私が見出した一筋の光明がインターネットでした。グルメサイトの老舗「ぐるなび」です。

活路を模索していた私はすぐに「ぐるなび」にコンタクトをとり、早速、店の情報を掲載してもらいました。当時は「ぐるなび」もスタートしたばかり。小さな店でも利用しやすい料金体系でした。

広告を掲載しただけではなく、サイトに載せる画像やテキストにもこだわり、他店との差別化を図ったのも良かったのでしょう。宴会の予約が徐々に入り始め、やがて窮地を脱することができました。

もしあのとき、赤字だからと広告料を出し惜しみしていたら間違いなく店は潰れていたと思います。それほどまでの経営状態でした。

費用がかかる広告は無駄に打てばマイナスにしかなりませんが、効果的に実施すれば何倍もの価値が出ます。もちろん、やり方次第なのは言うまでもありません。

大企業と違って豊富な予算は望めない会社は予算がないからこそ宣伝活動に備えて、余計な支出が出ることをやめておく必要があるのです。

ケンズカフェ東京の今期の売上は約3億円になりそうですが、利益を出すためなら、**私は1億円を宣伝に費やしてもいいと思っています。**宣伝活動にはそれだけの価値があることをよく知っているからです。

繰り返しますが、商品が高品質であるのは基本条件。モノが良くないのに広報に力を入れたり、広告を打ったりするのは逆効果。**SNS全盛の昨今、マイナス情報はあっという間に拡散されます。高品質を追求する姿勢なくして、宣伝活動で効果を得られることはありません。**

「商品は最大の広報」なのです。

高品質な商品＋宣伝活動が商売の鍵

中小企業はトップも宣伝活動に力を入れる時代

自分はものを作る側だから、商品を売る専門だから、社長業で忙しいから。そんな思い込みは禁物です。

いまの時代、シェフや社長が自らブログやＳＮＳをやるのは当たり前。それだけにとどまらず、会社のトップは宣伝活動を部下任せ、人任せにせず、自ら積極的に取り組むべきだというのが私の考え方です。といっても**何から何まで自分でやる必要はありません。総合プロデューサーになるイメージです。**慣れてしまえばそれほど時間を割く必要もありません。

かくいう私も以前、関心があることといえば料理の味、味、味でしたが、店が傾いたときに必死に取り組んできたおかげで、宣伝のノウハウを培うことができました。時代の波や動きを感じ取ることができるようになったのは思わぬ副産物です。宣伝活動によって得られた感覚は店にも商品にも経営にも活きています。あの倒産の危機にもがいたことはけっして無駄ではなく、糧となって現在に活かすことができているのです。

私は毎日ＳＮＳのチェックを欠かしません。キーワードでもハッシュタグでもまめに検索をかけています。Ｇｏｏｇｌｅアナリティクスを活用し、自社のホームページ

のアクセス状況もチェックしています。

ケンズカフェ東京やガトーショコラがネット上でどのようにつぶやかれ、どう紹介されたのか、自社ホームページにはどんなデバイスや検索ワードでたどり着いたのか。そういったもろもろの情報を毎日チェックしています。そういった**情報の蓄積が、宣伝活動のみならず、経営方針に活きるのです。**

最近の若い経営者たちはみな積極的に発信活動を繰り広げています。ブログ、ツイッター、LINE、インスタグラム、フェイスブックなどを難なく使いこなし、SNS上で友だちをたくさん作り、グループを作るといった活動です。いまでは店をオープンするときにはすでに固定客がついているといった例もままあります。飲食店の場合、昔のシェフは調理に精一杯でそこまで手が回っていませんでしたが、もうそんな時代ではありません。

ビジネス視点のあるトップなら、インターネットの活用は必須なのです。

ネットリテラシーは必須

ネット時代に必須のインターネットマーケティング

自社メディアとSEO対策は基本装備

いまの時代、インターネットは欠かせないと言いました。しかし、いまだに自社のホームページ（公式サイト）すらない会社や店を見かけます。あったとしてもスマホにも対応しておらず、古臭いまま放置しているところもあります。

ホームページは会社の顔であり、自社専用のメディアです。半径1km圏内のお客様だけを相手に商売をするなら別ですが、そうでないなら**プロにお金を払ってでも魅力的なホームページを開設するべきです。**ホームページを開設する余裕がない場合は、ブログをホームページ代わりに始めるのでもまずはかまいません。

ホームページやブログで大切なのは、ネット上で自社や商品を見つかりやすくすること、つまりSEO（検索エンジン最適化）対策です。
「ぐるなび」のような外部サイトに広告を出した場合、内部構造はいじれませんが、自分のホームページならいくらでも操作できます。私の店で夜の時間帯を宴会部門だけに絞っていた頃は、宴会需要を意識した**SEO対策用のキーワードを管理画面上にばんばん設定していました。**

キーワードを設定するときに大事なのは、**利用者の視点で考えることです。**ケンズカフェ東京は新宿御苑にありますが、だからといってキーワードを「新宿御苑　イタリアン」にしても、それで検索する人はほとんどいません。わざわざ「新宿御苑」と場所を限定して店を探す人は少数派です。利用者の視点に立てば、キーワードはおのずと「新宿　イタリアン」になるはずです。
「貸し切り　パーティ　新宿」といったキーワードも設定しました。有名人に来てもらえればガトーショコラの注目度が高まると考え、「新宿　ロケ地　無料」というキーワードを入れたこともあります（この施策で、世界的人気アーティストのきゃりーぱみゅぱみゅ様が来店されました）。

SEO対策を施したホームページやブログは無料の広告のようなもの。私は検索する人が使うであろうキーワードを考え、タイトルタグやメタタグを変え、毎日のように表示順位をチェックしました。

ネット活用の優れた点は、ほかの会社や店のランキングやＰＶも簡単に把握できることです。いまどきはさまざまな解析ツールが無料でありますから、この会社はこんなにアクセスがあるのか、人気があるのかという実態が手に取るようにわかります。売上まではわかりませんが、少なくとも儲かっていそうかどうかは見当がつく。使わない手はない「競合店の現状把握方法」、インターネットマーケティングの力です。

他店の状況がわかれば目標も立てやすくなります。漠然と「勝ちたい」ではなく、「あの店より上位にいきたい」という明確なゴールを設けやすいのです。

ゴールを設けると、やるべきことがクリアになります。ゴールに達成すると充足感が得られます。いったん成功体験が得られると面白くてたまらなくなります。そうしてさらに挑戦意欲が上がっていく。ネットは、ＰＶ数の推移などが目に見えてわかりますから、**ゲーム感覚で打った施策の良し悪しが判断できます。**

この経験は、私が商品をガトーショコラだけに絞り込んだ後にも、うまく活用させることができました。

見込み客が入力する検索ワードを想像する

画像と文章の効果を侮るな

インターネットマーケティングでは決して画像の力を侮らないこと。これも経験から学びました。

グルメサイトの「ぐるなび」に広告を出す際、せっかくお金を払っているのだから効果を最大限に引き出そうと、私はプロのカメラマンに依頼し、商品を魅力的に撮ってもらった画像をサイトに掲載したのです。私は大学で写真を勉強していたのでそれなりに知識があります。その知識を駆使して、画像を選んでいったわけです。

おそらくあの当時、料理写真が上手いプロのカメラマンを使っていたお店は少なかったと思います。料理の良さを引き出していない料理写真がどれほど多いことか。せっかくの美味しい料理も写真ひとつで美味しく見えたり、まずそうに見えたりします。**シズル感溢れる写真は見る人の心をとらえて離しません。一瞬にして行ってみたい、食べてみたいという意欲を掻き立てるのです。**

「ぐるなび」での勝負の分かれ目は「写真の魅力」と断言しても差し支えありません。写真はどんなに飾り立てた言葉よりも雄弁です。

もちろん文章も大事です。単なる説明口調の紹介文に終始していては、来店客を増やすことは不可能です。どういう言葉を盛り込んだら、読者の心に刺さるのか。どんなフレーズを使えば効果的なのか。画像の選別と同時に文章の作成に苦心したあの時代があったから、ケンズカフェ東京のいまがあります。

画像や文章に対する考えはいまも変わっていません。グルメサイトの影響力が以前ほどではなくなったいまでも画像の力、文章の力は有効です。これは自社メディアなどすべての発信に言えること。

会社の中にそれらが得意な人材がいないのならば、Ｗｅｂ制作会社やデザイン事務所など、外部の力を借りることをおすすめします。

適当な画像と文章では、ネットの大海で埋没するだけ

エゴサーチとインフルエンサーに注目せよ

適切なＳＥＯ（検索エンジン最適化）対策を施したブログやホームページを開設し、画像や文章にも力を注ぎ、ＳＮＳでも発信するようになった。次にやるべきことは、**エゴサーチ**です。

エゴサーチとは、自分の名前やハンドルネーム、会社名、店や商品、サービスなどを入れて検索し、それらに対する評価を自ら確認する方法のこと。

いまでも私は毎日、エゴサーチをしています。毎日の定例の作業としてホームページのアクセス解析を行い、ツイッターでどうつぶやかれているかをチェックしています。

当然ながら良い情報ばかりではありません。たまに目にしたくないような悪い情報、

ネガティブなコメントも飛び込んできます。だからこそエゴサーチには価値があります。

例えば「ケンズカフェ」で検索すると、ケンズカフェ東京に関する記事が多数出てきますが、中には味について「ちょっと重すぎる」といった意見もあります。

この意見が1件、2件ぐらいなら問題はありません。しかし、数が増えてきたら要注意。3件以上散見されたら、私は味の変更を検討し始めます。

いまの味が一番だと思っているし、そう思いたい自分もいますが、気がつかないうちに消費者の味覚と乖離していたという未来はじゅうぶんありえます。

エゴサーチから抽出できるのは、自分とはまったく利害関係がない赤の他人の声です。自分とは何の関係もないので、**そこから出てくる意見や感想は客観的で容赦がありません。だからこそ価値があります。次の一手につながるヒントの宝庫といっても良いでしょう。**


また、ブログやツイッター、インスタグラムなどのネットメディアでの発信を通じて他者や一般社会に大きな影響力を及ぼすインフルエンサーにも注目しています。ネットがこれだけ発展した社会では、**インフルエンサーが他人の購買行動に与える力は見過ごせません。**

特に注目しているのは、フォロワー数が多く、**さらに「いいね！」やコメントの数が多いインフルエンサーです。**フォロワー数だけを指標にしていないのは、フォロワーはお金で買えるため。一方、「いいね！」やコメントはそうはいきません。本当に影響力のあるインフルエンサーはフォロワーの反応が活発です。

フォロワーが多く、かつ多くのリプライをもらっているようなタレントやアーティスト、さらにはスイーツ好きの女性ファンが多い男性アーティストがケンズカフェ東京にとっては要チェックです。

どんなインフルエンサーに注目するかは、業種や扱う商品によってまったく変わってくるでしょう。自社の商品はどんなインフルエンサーに発信してもらえれば購買につながるのか、ぜひ考えてみてください。

影響力のあるインフルエンサーの動向を把握していれば接点を作れるかもしれない。そこから新しいビジネスのチャンスをつかむことができるかもしれない。インフルエンサーの動きには常に敏感でありたいと考えています。

他者のコメントを指標にする

大切なのは未来のお客様を作ること

新規顧客開拓はなぜ必要なのか

あらためて、**どうしてこうまでして宣伝活動を強化しなければならないのか――。**

インターネットが苦手な方は、ここまで読んできて少々うんざりしているかもしれませんん。

その答えを私はこう考えています。

宣伝活動は、すればするほど新規のお客様が獲得できるから。

この新規顧客こそが、ビジネスを活性化させる鍵なのです。

ビジネス書を読むとよく、ロイヤルカスタマー戦略が必須であると書かれています。リピーターや常連顧客を囲い込んで、店や企業と厚い信頼関係を結んだロイヤルカスタマーを育て、来店頻度を上げ、客単価のさらなるアップを狙う方法です。

常連のお客様を増やし熱心なファンを作っていくことは極めて大切です。効率から考えても、絶対にリピーターを増やすほうがコストパフォーマンスがいい。新規顧客を開拓するには猛烈にコストがかかるからです。

しかし私は、**ケンズカフェ東京のお客様はガトーショコラを1回しか食べないという前提でビジネスを捉えています。**なにせ1本3000円のケーキです。征服欲といえばいいのでしょうか。一度は食べてみたいと思っていただけるかもしれませんが、そう何度も食べたいと思ってくださる方は少ないと考えました。

価格を3000円に設定しているのも1つにはそのためです。一度だけのお客様であってもじゅうぶん利益が出るような価格です。ですから、いま私がやっている宣伝活動はすべて**100%、新規顧客を開拓するための取り組みなのです。**

もちろんリピーターが増えるのは大変ありがたく、歓迎すべきことです。リピーターを軽視しているわけではありません。商品の品質が良いことが大前提であるように、常連のお客様を大切に扱い、ファンであり続けてもらうのは当たり前の努力だと考えています。

しかし、常連のお客様に甘えていると新規顧客の開拓がおろそかになってしまいます。これはガトーショコラに限った話ではありません。**未来のお客様を作り続ける努力を怠れば、ビジネスに活気を失ってしまう。そうなってからではもう遅いのです。**あなたの会社や商品を知らない人はまだまだたくさんいるはずです。そういった方々の元に情報を届けていくためのアクションに、いますぐ取り掛かるべきです。

未来のお客様を開拓し続ける

「思い出してもらう努力」より「知ってもらう努力」

私が新規顧客開拓の必要性を訴えるのは、**ファンがたくさんいるからと安心し、現状に安住していて潰れてしまった会社やブランドをたくさん見てきたからです。**

どんなファンでも年齢を重ねます。ファンの高齢化とともに会社や店が古くなっていき、気がつくと若い人からは見向きもされなくなり、倒産に追い込まれた例は山のようにあります。**いま40代の常連のお客様に人気でも、そのお客様たちがいずれ高齢化すれば店にはなかなか足を運んでもらえなくなります。**

ファンは耳触りがいいことしか言わずに何度も買ってくれるありがたい存在です。ファンに囲まれていると気持ちがいい。しかし、それにずっと甘えてしまうと将来はどうなるでしょうか。

欧米のラグジュアリーブランドを見てみてください。ディオールしかり、サンローランしかり、シャネルやルイ・ヴィトンもそうです。歴史のあるブランドでありながら、デザイナーは常に感度の高い若手を起用し、新しい顧客をつかんでいます。

効率だけを考えれば年配のファン向けの商売に徹したほうがいいのかもしれませんが、それでは将来の展望がなくなってしまう。だからこそ、高級ブランドは少し価格が安いセカンドラインを作ったり、エッジの効いた商品で新しいファンをつかもうと果敢に挑戦しています。

第4章で詳しくお話ししますが、私がファミリーマートとコラボレーションを始めた理由の1つは、新規顧客開拓のためです。まだ3000円のガトーショコラを知らない、そうしたケーキにはあまり興味がない。そんな客層にアプローチしたいと考えました。

ありがたいことにケンズカフェ東京は現在、たくさんのファンに支えられています。思いのほか何度も買っていかれるお客様が多く、記念日やイベント時になると必ず注文をくださる方がたくさんいらっしゃいます。男性客は一度ファンになるとあまり浮気をしないので、それこそ定期的に注文をくださいます。でも、そこに甘えてばかりでは、いつかしっぺ返しが来るかもしれません。その危機感があるから、私は常に新規顧客開拓に向けて動いているのです。

新規顧客開拓がゼロを1にする「知ってもらう努力」だとすれば、固定客化は1を2以上にする「思い出してもらう努力」。経験値がすでにあるお客様を常連へと育てていく「思い出してもらう努力」のほうがずっと有意義ですが、そのお客様が買い物をしなくなってしまったらゼロに戻ります。

知ってもらう努力を続ければ、既存のお客様にもその効果が波及し、思い出してもらいやすくなります。**常連のお客様はいないつもり、少ないつもりで新しいお客様を獲得するために力を注ぐこと。**それがビジネスを長続きさせるコツ。この考え方で宣伝活動を展開していくのが効果的だと思います。

常連客はいないつもりで宣伝を続ける

ガトーショコラを一般的なスイーツに

私は新規顧客を獲得するには、どうしたらいいかを真剣に考えました。どうしたらケンズカフェ東京のガトーショコラを購入してもらえるのだろう？　食べたいと思ってもらうにはどうしたらいいのだろう？　考え続けた結果、大切なことを1つ見落としていたことに気がつきました。

それは、「**ガトーショコラそのものがあまり知られていない**」**という事実。**

多くの方は、チョコレートケーキは知っていても、ガトーショコラは知らなかったのです。つまり、ガトーショコラのターゲット層のパイそのものが小さい状態。そのパイをもっと大きくしなければ、そもそも食べたいと思ってくれる人は現れません。そこで私は、ガトーショコラを一般的なスイーツにすることに注力しました。そのためにどんなことをやってきたかは次項から詳述しますが、一例を挙げると、ガトーショコラのレシピをクックパッドやＹｏｕＴｕｂｅで公開したのです。

さて、私の一連の活動は成果が出たでしょうか？

アンケートサイト「みんなの声」が２０１７年に実施した調査「ケーキはどんな種類が好きですか？」の結果を見てください。総得票数７７４７票の内訳は以下のような結果でした。

１位　ショートケーキ（２５２０票）
２位　チーズケーキ（１４９３票）
３位　モンブラン（１０３０票）
４位　フルーツタルト（６９５票）
５位　ガトーショコラ（６６４票）

6位　ティラミス（354票）
7位　プリンアラモード（290票）
8位　シュークリーム（267票）
9位　抹茶ケーキ（160票）
10位　トライフル（33票）

ご覧のように、5位にガトーショコラがランクインしています。1位〜3位は不動の定番アイテムですが、プリンやシュークリームよりもガトーショコラが上位に躍り出ています。**ガトーショコラが誰もが知るスイーツの1つになったことの証しです。**

事実、人気番組で紹介され、著名なミュージシャンがガトーショコラの本を出版するほど、さまざまなメディアに取り上げられて「ガトーショコラ」という言葉を耳にする機会が格段に増えました。ガトーショコラは「よく聞くケーキの種類」「最近、人気らしいケーキ」として浸透しています。

これはさまざまな取り組みが相乗効果を発揮し獲得できた成果だと自負しています。

ガトーショコラはいまや一般的なスイーツになったのです。山の裾野は広いほど雄大な山となります。市場が大きいほど、その頂点は高くなるのです。

いやいや一時的なブームに終わるのではないか。そんな疑問を持たれる方もいるかもしれません。でもまだそこまでのブームにはなっていませんし、仮にブームであったとしても、例えばティラミスやカヌレを見れば、ブームが消え去った後も表舞台から姿を消していないことがわかります。特にティラミスはラインナップしている店が多いケーキの1つです。

ブームはいつか終わりますが、本当に美味しければ定着するのです。

市場の裾野を広げる

広告と広報は両輪で

では、新規顧客を開拓するため、そしてガトーショコラを一般的なスイーツにするために、実際にどんなふうに宣伝活動を行ったのか。広告と広報の視点で語りたいと思います。

少しおさらいすると、広告とは新聞やＴＶ、雑誌、Ｗｅｂ媒体等のメディアにお金を払って広告枠を獲得し、広告内容を提供すること。

一方、広報には基本的に費用は発生しません。広告料を払わずに、メディアに自分の店や会社について紹介してもらうための活動です。英語で言うとＰｕｂｌｉｃ Ｒｅｌａｔｉｏｎｓ。よくいうＰＲとは、この英語の略です。

広告と広報にはそれぞれにメリットがあり、デメリットがあります。

掲載したいメディアにピンポイントで発信したい情報を掲載できるのが広告です。また金額次第で、広告の大きさも掲載するメディアも掲載日も思いのまま。注目度の高い宣伝も可能です。もっとも、そこにお金がからんでいることは現在の消費者は百も承知ですから信頼度は低い。一歩引いてその情報を見るというスタンスです。

逆に**広報はメディア側が自主的に発信する情報なので、消費者からの信頼度は高いと言えます。**ただし、広告のようにこちらからコントロールはできません。情報の内容や日程については不確定であり、基本はメディア任せです。

広告と広報はメリット・デメリットを知って、うまく使い分けるのが理想です。

規模が小さいから広告は無理、広報だけでいいというお店もありますが、探せば効果的な広告枠もなくはない。決めつけるのはもったいないです。メリット・デメリット、向き不向きを考えて活用したいものです。

うまく使い分けてどちらも取り組む

小さな会社の広報活動

プロの広報パーソンと契約する

広報活動はプロの力を積極的に借りたほうがいい。

私がそう言うと、「ウチみたいな小さな会社に、そんな余裕はありません！」そう答える経営者がほとんどです。

でも、本当にそうでしょうか？

私はいまの時代、小さな会社や組織が勝ち抜く秘訣は「プロの広報にあり」とすら考えています。

以前は私も自分でせっせとブログを書いていました。ＳＮＳでの発信も積極的にやっていました。でも、いまはほとんどしていません。なぜなら**自分で自分の商品を**

語っても、世間的な評価がさほど上がらないから。

たしかに商売に対する情熱は伝わるかもしれません。でも、やり続けるうちに「あ、また、宣伝している」と思われてしまうのがオチです。書く時間ももったいない。

それよりも、一般メディアに取り上げてもらうほうがインパクトがあり、信頼性が断然高い。良いことだけでなく、多少であれば悪いことであっても書かれないよりはずっといい。知名度アップに有効です。

では、メディアに自社や商品に興味を持ってもらい、さらには記事にしてもらうにはどうすればいいのか？

それを実現するのが「広報のプロ」です。

小さな会社は、限られた人数で製造から販売から営業、経理までをやらざるを得ないところが大半です。その上に広報活動まで担うのは物理的に考えても難しい。ましてや広報についての知識も人脈もないのなら、迷わずアウトソーシングしたほうが得策に決まっています。

常勤で雇う必要はありません。お金を出してプロの時間を買い、活動してもらうのです。これまでさまざまな「余計なこと」をやめてきたあなたなら、それくらいのお金は捻出できるはずです。
それでもあなたは「プロを雇うなんて、もったいない！」と躊躇するでしょうか。

自社で発信しても効果は薄い

広報パーソンはそれぞれの得意分野を持っている

ケンズカフェ東京の場合、かつて、もっとＴＶに出たい、メディアに露出したいとあれこれ思いを巡らせた時期がありました。ネットの台頭でＴＶの力が弱まっているといわれますが、やはりＴＶはいまも突出した影響力を持っています。他のメディアとは比較にならないほどのインパクトがあります。

とはいえ、どうしたらＴＶで取り上げてもらえるのかがわからない。そもそもメディアに紹介してもらえるようなネットワークも人脈もない。私の場合たまたま紹介されることはありましたが、それは単なる偶然であって、こちらから意図したものではありません。

かといってTV局に出かけて行き、「この番組でぜひうちのガトーショコラを紹介してください」とお願いしても相手にされないのは目に見えています。

このまま運が向こうから飛び込んでくるのを待っていても仕方がない。よし、プロの力を借りようと思い立ったのが5年前。早速、知人に広報のプロを紹介してもらいました。

以後、ずっと仕事を依頼し続け、現在お願いしている広報担当者は7代目にあたります。歴代の広報パーソン（女性もいます）はみなケンズカフェ東京の専属ではなく、フリーの立場でいろいろな企業と契約して広報活動を行っています。彼らのクライアントの1社がケンズカフェ東京なのです。

私が定める契約期間は半年から1年間。**ノルマは一切ありません。短期間で契約を切り替えているのは、彼らが優秀ではなかった場合とかではなく、それぞれの得意分野が異なるからです。**

どんなに優秀な広報のプロでも持っているコネクションはある程度限られます。女性誌に強いという人もいれば、Ｗｅｂにめっぽう強いという人もいる。ＴＶ局に強いコネがある人もいました。

オールラウンドでどのジャンル、どの業界にも強力なコネがあるという方は極めて限られるでしょう。もしいたとしても、途方もないギャラを用意しなくてはならないはずです。

自社で出せる金額内で、それぞれの得意とする領域を活かしてもらうために、私は短期間で担当者を替えることにしました。その人ならではのネットワークで広報活動を繰り広げてもらえばいいと割り切って考えています。

２０１４年に私は最初の本を出しましたが、この企画は初代の広報担当者の力によるものです。私が何気なく発した「本を出してみたいなあ」という言葉を彼女は聞き逃さず、「では出版社にあたってみましょう」と言って、即座に動いてくれました。そうして実現したのが、『１つ３０００円のガトーショコラが飛ぶように売れるワケ』（ＳＢ新書）です。

素人が本を出そうとして出版社の門を叩いても実現の可能性は低いでしょう。そのことはわかっていたので、内容には自信があったものの、出版社に何のツテやコネもない私は漠然と「いつか本を出せたら」と思っていただけでした。

しかし、さすがプロの広報パーソンです。私の夢を実現させてくれました。このように**プロの力を借りることで、広報活動の幅や奥行きはぐっと広がるのです。**

実際、このビジネス書をきっかけに、スイーツに興味がない方々にも、ケンズカフェ東京を知ってもらうことができました。

メリットを考え半年程度で担当をチェンジしてもいい

プロへの支払いをどう考えるべきか

広報担当者にいくら費用を払っているのか。ギャラが気になる方が多いと思うので、正直に明かしましょう。期間や担当者にもよりますが、月額15万〜50万円です。現在は毎月30万円ほどのギャラをお支払いしています。

30万円分の効果があるのかという疑問は当然だと思いますが、正真正銘、効果はありました。雑誌で紹介されたり、Webで特集されたり、TVの情報番組で取り上げられたり、いろいろな成果がありました。Yahoo!ニュースで何度も紹介されたこともありましたが、それも広報活動の成果の1つです。

以前、ダイナースクラブの会員誌で、1万円のガトーショコラを開発し、販売したことがあります。この特別企画もカード会社に強いコネを持っていた広報担当者の紹介がきっかけでした。

スーパーカーのマクラーレンの顧客向けクリスマスパーティーでガトーショコラが使用されたのも同様の経緯です。

青山にある「INTERSECT BY LEXUS」というショップをご存知でしょうか。デザインやアート、ファッション、カルチャーなどを通じて、レクサスが考えるライフスタイルをさまざまな形で体験できるスペースです。昨年も今年もケンズカフェ東京は、ここでコラボレーションメニューを提供しています。

こうした企画はすべて広報パーソンのネットワーク経由。もちろん商品が良いからお声をかけていただいたとは思いますが、広報パーソンがいなければ実現しなかった事例でしょう。

広報のプロを雇っているという話をすると、「どういう人を選べばいいの？」とよく訊かれますが、私の答えは**「プロなら誰でもいいですよ」**。

乱暴な言い方に聞こえますが、多少のばらつきはあるものの、それを織り込み済みで依頼するのが一番です。「この人なら、たくさんのメディアに取り上げてもらえる」と事前にわかるような指標はないのです。

頼んでみないとわからない。それが正直なところです。仮に見込み違いだったとしても、半年の契約であれば諦められる範囲ではないでしょうか。

実は私が依頼した7人の広報のプロの中で1人だけ見込み違いだったと後悔したことがあります。個人で動いているフリーランスではなく、PR会社の方で、月額は50万円でした。データを駆使したレポートを作成するのは得意でしたが、率直にいって私でも分析できるレベル。レポートの見かけはいいけれど、はっきり言えば素人だましのような内容でした。

これはダメだと悟り、違約金を払ってやめてもらい、それからはずっとフリーの方にお願いしています。会社より個人のほうが自らの看板で仕事をしているだけに誠実に働いてくれる。偶然なのかもしれませんが、私の偽らざる感想です。

その1人以外はギャラ以上の成果を得られた方がほとんどです。ギャラをもらっているのに成果がゼロという人はいませんでした。

月額10万円、いえ5万円のギャラでも引き受けてくれる広報パーソンはいるでしょう。業界で有名な方に頼む必要はありません。フリーで動いているＰＲのプロはたくさんいます。まずは試してみてはいかがでしょうか。

ちなみに、私が広報のプロを初めて雇ったのは年商６６００万円のときでした。この程度の売上規模で外部に広報パーソンを雇うという会社は少ないように思います。

しかし、**ありえないことをやってこそ事業は成長していくのです。**露出を高めたい、メディアに出たいと思うなら、プロの力を思い切って借りてみる。ギャラを払って動いてもらう。おすすめできる選択肢です。

ただし、一時的に頼むのではなく継続して取り組むのがコツ。得意分野が異なる複数の広報のプロに動き続けてもらうことで、さまざまなメディアの間に自分の店や商品が浸透し、覚えてもらいやすくなります。そうすれば、メディア側からも声をかけてもらいやすい。この効果は見逃せません。

広報のプロは月額5万円からでもかまわない

自分を〝どう広報素材にするか〟問題

小さな会社の**トップは、自らが広告塔になる覚悟が必要**だと、私は考えます。

自社や商品に対してもっとも詳しく、情熱を持って語れるのはトップでしょうから、この際、自分は人見知りだから……などと言っている場合ではありません。日頃から「自社商品の歩く広告塔」としてメディアでもどこでも出るべきです。

私も「ガトーショコラの人」としてこれまでさまざまなメディアに登場しました。TV、新聞、雑誌、Webメディア、イベント等、多岐に渡ります。

でもいまは、**自分がメディアに露出することは控えています。**

たしかに、意識としてはいまも私は「ガトーショコラの人」です。人に会うときなどには必ずガトーショコラを持参しますし、ガトーショコラのことを語らせてもらいます。私を知る人は、「あのガトーショコラの人ね」と私を認識してくださっていると思います。

でも、積極的なメディア出演はやめることにしました。もうそのレベルを超えたと思ったからです。**社会に「ガトーショコラ＝氏家健治」と認識されているままでは、いつまでたっても、ガトーショコラは私以上の存在になれず、それは本質ではありません。**

私が紐付かなくてもガトーショコラだけで自立した存在になれるところまで、もう来ている。

そう考えたとき、いちいち私が出て行くのはかえってガトーショコラのイメージ作りの邪魔になる。それよりもガトーショコラそのものにフォーカスした切り口で取り上げてもらったほうがいい。

これが私がメディアに出なくなった理由です。

トップは広告塔になるべきだが、潮時も考える

小さな会社の広告展開

広告は「ありえないこと」が基準

さて、広報についてひととおりお伝えしましたので、今度は広告活動について明かします。

海外のハイブランドはデザイナーに感度の高い若手を起用し、エッジの効いた商品を開発し続けていると前述しましたが、実際、現在グッチは、昭和40年代の日本の少女漫画のキャラクターを大胆に起用したファッションを世界中で展開しています。

何が言いたいかというと、**広告は、普通のことをやっても意味はない、ということ。**カッコよく、おしゃれに、美味しそうに、素敵に……、そういったことは誰もが考えていますので、普通より少し上くらいのレベルで広告を打っても人々の心に響かないのです。

情報が溢れかえっている昨今、突飛なこと、異質なこと、ここまでやるのか！　というくらい圧倒的なこと。そういった「普通だったらありえない」方向を目指さないと、広告費を無駄にしてしまいます。この考え方で、私が何をやってきたかをご紹介したいと思います。

凡庸は広告費の無駄遣い

地方百貨店の催事に積極的に出店

いろいろなことをやめてきた私ですが、お誘いを受けるとたいがいお受けするオファーもあります。それは、地方の百貨店が主催するイベントです。

なぜ積極的に出店するのかというと、こうした地方百貨店でのイベントはほとんどの場合、地元のＴＶ局の取材がワンセットになっているからです。地方にはＴＶで取り上げるような話題が豊富ではありません。百貨店でのイベントはＴＶで取り上げられることがほぼ確定しているイベントなのです。

ＪＲ名古屋タカシマヤで開催された「楽天うまいもの大会」では、５つのＴＶ番組で紹介されました。

とはいえ、前述したようにケンズカフェ東京には支店がありません。あるのは新宿御苑前の本店だけ。ネット通販もやめています。地方局で紹介されたところで、視聴者にとっては催事が終わってしまえば買える場所がありません。

それでも地方のＴＶ局で取り上げてもらう意味があるのでしょうか。

普通だったら、わざわざ地方の百貨店の催事に、費用とお金をかけて出店しないと思います。

でも、私は「意味がある」と捉えています。

なぜなら、**未来の顧客が作れるから。**

そうです。私は地方の百貨店の催事への出店を広報活動と考えているのです。

「東京に行けば、こんなに美味しそうなガトーショコラがあるんだ。一度は食べてみたい」

ＴＶを観て、そう思ってくださった方が、東京にお越しの際に買い求めてくださったり、知人が東京に行く際に「買ってきてほしい」と頼んでくださったり。実際にそういうケースが生まれています。

たしかに、大半の視聴者は近所ですぐに買えないのだからと、ＴＶで観てもガトーショコラのことをすぐに忘れてしまうでしょう。それでも、**「いつか食べてみたい」と憧れの気持ちを持ってくださる方が全国に増えていけば、その人たちは未来の顧客になってくれます。**

これが、当社における「普通だったらありえない広告展開」の象徴的な事例の１つです。

未来の顧客のために「憧れ」を育てる

あえてのアナログ強化策

「ありえないこと」をやるのが私の流儀。それを象徴することの1つに駅の看板もあります。

地下鉄丸ノ内線の新宿御苑前駅で降り立ってみてください。必ずケンズカフェ東京の看板広告が目に飛び込んでくるはずです。

それも1面ではありません。ホームのほか各出口にもあり、トータルで9面掲げられています。これを見て驚く方は少なくありません。

「こんなに駅に広告を出されているんですね」「目立ちますね」「なぜ駅に広告を？」

反応はいろいろですが、**私はネット広告全盛の時代だからこそ価値があると考え、アナログの駅広告に力を入れました。**

ネットで広告を打つのはもう当たり前です。さまざまな手法が生み出されています。ネット広告なしでは店や企業の宣伝活動は成立しなくなったといっても過言ではありません。

そんな時代にアナログな広告を打ち出すとどうでしょうか。駅広告は先進的なイメージなどまったくない古典的な手法です。華やかなブランドの駅広告を見かけることもありますが、その場合、乗降客が圧倒的に多い主要駅であることがほとんど。乗降客が少ない新宿御苑前駅のようなマイナーな駅に広告を出しているのは、地元の老舗や病院などが主です。看板のデザインも地味で、あまり人目を引きません。

つまり、**そこにデザイン性の高い駅広告を掲げれば、否が応でも目立つということ。**「ありえなさ」ゆえに強烈なインパクトを与えるに違いない。いまの時代の逆張り戦略です。

ネット全盛だからこそ逆張りで広告を打つ

駅を自社看板で埋め尽くそう

ガトーショコラがおかげさまで売れているとはいっても、ケンズカフェ東京を知っている人はまだほんの一部に過ぎません。

ケンズカフェ東京は表通りに面しているわけでもなく、大きなお店でもない。新宿御苑前駅を利用している人に聞いたとしても、その存在を知っているのはせいぜい2割程度だったのではないでしょうか。

しかし、駅に広告を出せば、店の名前とガトーショコラの写真が頭の中に刻まれ、「なんだろう、あれ」「いつか食べてみたい」と思ってもらえる可能性が高まります。新規のお客様の開拓につながるのです。

新宿御苑前駅の利用客の間で知名度を上げたい。そう考えていた矢先に、駅の広告スペースが空いているから出しませんかというお話をいただき、2年前から看板を入れ始めました。まずは3面。バンバンバンと広告を掲示しました。

すると反応がかなり高いのです。駅利用者の反応がいいのはもちろんですが、新宿御苑前駅で降りずに、電車に乗ったままの状態で「駅広告を見た」という方が多いのは意外でした。大きな広告なので、停車している間に看板が目に入ってきたようです。**電車が駅に停車し、ふと顔を上げると、そこに大きくガトーショコラの美味しそうな写真が出ていたので、思わず見入ってしまった、そうした効果がある**とは思いもよりませんでした。

アナログ広告ならではの効果だと思います。

人はスマホばかり見ているわけではない

駅を丸々ラッピングし「出過ぎた杭」になる

新宿御苑前駅の広告は、空いたスペースをさらに買い足し現在は9面に増えました。

実は、最初に3面の駅広告を入れた後、ネットでエゴサーチをしているときに、こんな書き込みを見かけたことがあります。
「あの店、商売上手だね」「すごい宣伝している」。
あまり良い文脈で語られていないことは明らかです。しかも、1件ではなく、3件ほどあり、どれもネガティブな印象のツイートでした。広告を減らしたほうがいいかもしれないとも思いました。しかし、すぐに考え直しました。

減らすか増やすかのどちらかしかないなら、駅を全部埋め尽くそう。3面の広告だからとやかく言われるのであって、丸々埋めてしまえばそれは逆に「すごい」という反応を生むはずだ――。

出る杭は打たれるが、出過ぎた杭は打たれないとよく言われますが、それと同じ。**どうせやるなら「出過ぎた杭」を目指すほうがいい。**広告スペースが空いたらすぐに教えてほしいと駅の広告を扱っている代理店の担当者に声をかけ、その結果が現在の9面の広告です。

駅すべてを埋め尽くすには20面あまりの広告スペースをすべて買い押さえなければなりません。残念ながら空きが出ないため、駅をガトーショコラの広告で埋め尽くす作戦は道半ばですが、もしスペースが空けばすぐにでも広告を掲げるつもりです。

目標は、新宿御苑前駅をラッピングする広告攻勢。これもまた「ありえない」試みの1つです。

気になる宣伝効果は、3面から9面にしたことでパワーアップしました。名刺交換をすると、「新宿御苑前駅で見る看板のお店ですね」と言われることが増えたのです。**駅の看板のアナログ効果、数の刷り込み効果をあらためて実感**しています。

今年3月には、テレビ東京の人気番組『出没！アド街ック天国』の「新宿御苑」の回で、ケンズカフェ東京は第3位に選ばれました。個人の店が上位に食い込む例はほとんどないようです。これも番組のディレクターが駅の看板を見たことがきっかけではないかと思います。

誰もが同じ方向に流れるときだからこそ、逆張りは目立ちます。インターネットマーケティングを使いこなした上での逆張り戦略は誰にとっても検討の価値がある。しかし中途半端では意味がない。やるなら徹底的にやることをおすすめします。

逆張りは、やると決めたら徹底的に

フリーペーパーの強みとは

ケンズカフェ東京は、新宿御苑エリアの情報を掲載しているフリーペーパー「JG」にも広告を出稿しています。小さな紙媒体ですが毎号5万部を発行しています。このフリーペーパーでは、巻頭の1ページを使ってこれからブレイクを狙おうという新人女性タレントたちを起用し、毎号広告を展開しています。

広告では彼女たちにガトーショコラを持ってもらったりしていますが、ガトーショコラが主役ではありません。主役は彼女たちで、ガトーショコラの写真にはピントが合っていないのです。

しかし、それでかまいません。彼女たちがガトーショコラのファンになってくれるかもしれないし、彼女たちのファンがこれを機にガトーショコラを知ってくれるかもしれません。そうならなくてもまったくかまわない。大事なのは気軽に気長に彼女たちを応援するというスタンスです。

ところで、ケンズカフェ東京は青山学院大学が開催しているミス青山コンテストにも毎年協賛しています。今回、グランプリを獲得した女性は、人気アナウンサーを多数抱えているマネジメント事務所のセント・フォースに所属することになり、現在、ニュース番組「ｎｅｗｓ ｚｅｒｏ」にお天気キャスターとして出演しています。

その縁で彼女にこのフリーペーパーの巻頭に登場してもらうことになりました。出演してくれた彼女たちが取材を受けて、「好きなチョコレートはケンズカフェ東京のガトーショコラ」と言ってくれることを密かに期待しています。

こうした取り組みを地道にやっていけば、必ずそのうち誰かが人気者になるでしょう。ただそれが誰なのか、いつになるかはわからない。だからいま、遠回りでもいいから宣伝活動を地道に行っているのです。

「美味しいです」と自ら訴える広告はもう消費者に飽きられています。自分で語るよりも、誰かに語らせたほうがいい。そうでなければ、**できるだけ突飛な方法がいい**。

効果が出るまで焦らず、根気よく、息長く継続して行うことが大切です。要は、人真似ではない独自のやり方を見つけることです。

工夫次第でできることはいろいろある

宣伝は永遠に必要である

シェフ時代から経営に専念しているいまに至るまで、ずっと宣伝活動を行ってきました。そしてその効果をかみしめ、確実にガトーショコラのブランド力アップに役立ててきた私がはっきり言えること。

それは、**宣伝活動は永遠に必要である**、ということです。

ここで終わり、というゴールはありません。宣伝をやめれば店は衰退していきます。方法論もこのやり方が絶対、というものはありません。どんな方法もやがて陳腐化していきます。しかもその速度は、年々速まっています。

これだけの集客を実現しようとか、ＰＶをこれぐらいに増やしたいといった目標に対するゴールは存在しますが、宣伝活動そのものにジ・エンドはないのです。

次にどんな媒体が支持されるのか、どんな方法が有効なのか。私はその世界の専門家ではありませんが、それでもずっと接しているとおのずといまはこれをやっておいたほうがいいなとか、このＳＮＳの活用は欠かせないな、といった勘が働くようになっていきます。最近はＬＩＮＥを活用した販促手法に注目しています。

広報と広告を両輪と捉え、プロを上手に起用し、「ありえないこと」を実現するために、できるだけ逆張り路線も採用する。

時代は急速に動いています。手法は日々変化しています。その変化の兆しに敏感でいることが宣伝活動の一番のポイントかもしれません。

そのためにも**大事なのは継続です。続けていくとアンテナの感度が上がります。**そうやって得た感度を駆使して、新しいことを試していく。こうした一連の活動の結果として、ガトーショコラが一般的なスイーツとして認知されたと捉えています。

時代の変化に敏感であり続ける

第4章

「余計なことのやめ方」にはコツとタイミングがある

「余計なこと」とは「重要なこと」以外のすべて

あなたは何の人になりたいですか？

前章までで、余計なことをやめて、商品を磨き、販売促進（宣伝活動）に力を注ぐと、ビジネスが蘇ることをご理解いただけたと思います。

いよいよこの章では、「余計なことをどう見つけ、いつやめればいいのか」について、お話ししていきたいと思います。

さて、唐突ですが、あなたはなぜ、いまの仕事を選んだのですか？

「余計なことをやめる」ためには、「何が余計か」を見極める必要があります。そのためにはまず、「余計じゃないこと」を特定する必要があります。

余計じゃないこと。つまり、本質であり重要なこと。
要は、あなたにとって、何が本質なのかを見つける必要があるのです。

本質的なこと、それは、**あなたの仕事や人生を真に豊かにするもののこと**だと私は思います。先の質問は、そのための質問です。

誰もが自分の人生を豊かにするために生きています。幸福に向かって、日々進んでいる。仕事もその線上にあります。

親の事業を仕方なく継いだ、生活のために好きでもない仕事をしている、自分の能力が低いせいでやりたくないことに従事している……。

読者の中にはそんなふうに考えている人もいるかもしれません。それでも無数にある選択肢のうち、いまその仕事に従事しているのは、あなたの選択です。特に本書の読者は会社や店の経営者が多いでしょうから、自社を畳んでほかの仕事に就くこともできるはずです。

何が言いたいかというと、**この国ではすべての人が人生を豊かにする方向に歩き出して行く自由が保証されている（職業選択の自由）、ということ。**

その前提で、あらためて考えてほしいのです。あなたはなぜ、いまの仕事を選んだのか、を。

親の事業を嫌々継いだのであっても、生活のためや能力のせいで好きでもない仕事に就いているのであっても、**無数にある選択肢の中から選んだのですから、わずかではあるかもしれませんが、何かしら「ここに惹かれた」というポイントがあるはずです。**

さらに、仕事で経験を積むうちに、「この仕事のここは面白い」「こういう点にやりがいがある」「こういう場面でうれしかった」などと、見えてきたものがあるのではないでしょうか。少なくとも100%嫌でたまらない仕事に就いているのではないはずです（もしもそうなら、即刻辞めて別の仕事を探すか、しばらく休養することをおすすめします！）。

そうであれば、あなたにとって、**その仕事の何がどんなふうに喜びなのか、それをぜひ考えてほしいのです。それが、「あなたにとっての仕事の本質的な価値」です。もっとも重要なことです。**

店を倒産寸前にまで追い込んでしまったにもかかわらず、いまでは順調に会社を経営している**私にとって、何が本質だったのか。**

それは、「とびっきり美味しいもので、きちんと稼いで、お客様も自分も幸せになること」。

このことに気づくのに、実は何年もかかりました。自分はずっと「一流のシェフになりたい」のだと思っていたのです。だからこそ、修業に励み、どんなに苦しくても毎日店を開き、料理を作り続けてきました。

でも、あるとき、「自分は一流のシェフになりたいわけではない。自分は美味しいものを通じて、多くの人に喜んでもらうことと、きちんと儲けることを両立させることがやりたいことなのだ」と気づいたのです。

以来、「ガトーショコラの人」と呼ばれるほど、ガトーショコラにすべてを注力してきましたが、それは、自分にとっての本質が腹に落ちていて、覚悟ができているからです。

ときどき「氏家さん、何年もガトーショコラだけを扱っていて飽きませんか？」と訊かれますが、まったく飽きないのです。

それこそ、２０１６年にシェフを卒業するまでは、ガトーショコラだけを焼き続ける日々でしたが、それでも「もう飽きたからやめたいな」と思ったことは一度もありません。

人は、自分にとっての本質的なテーマに出会うと、それにまつわるすべての仕事がやりたいことに変わるのです。

自分にとっての本質的な価値は、最初から簡単に見つかるようなものではないと思います。でも、ぜひみなさんにもそれを見つけてほしい。それがわかると、余計なことが何かが簡単にわかります。

自分の前に1本のまっすぐな道が見えるイメージです。

まずは、こっちのほうかな？　という程度の仮決めでかまいません。「**やりたくないのに、やらされている」といった義務感からは、何が本質かが見えてきません。結果、余計なことが何なのかわかりません。**

「あなたにとっての本質」を見つけてほしいのです。

飽きずに続けられるほどの仕事の喜びを探そう

余計なことで頭がいっぱいだと見えてこない

とはいえ、「自分にとっての仕事の真の喜び」を見つけるのが最初の難関です。人は抽象的なことを考えるのが苦手です。

特に自分自身のこととなると、既成概念やら常識やら周囲の人の期待やらが邪魔をして、なかなか冷静に考えられない。さらに目の前にやるべきことが山積みの状態だと、なおのこと後回しになっていきます。

かつての私がまさにそうでした。でも、ここはどうしても乗り越えないといけない一線です。

まずは週に1時間でもいいから、自分だけのために使える時間を確保してください。そうして「自分は何がやりたいのか」「どこへ向かいたいのか」「誰に喜んでほしいのか」を考えてほしいのです。

最初はさまざまな感情に遮られてクリアな思考になりにくいかもしれません。それなら、ノートにメモを書き出してみると比較的スムーズに考えられますし、なんなら誰かに付き合ってもらって、対話形式で頭の中を整理しながら、考えを深めていくこともおすすめです。

週に1時間確保するのも難しい！　という人は、優先順位の低そうな仕事を誰かにお金を払って代わってもらってでも、時間を捻出してください。

とにかくどうにかして、自分と向き合い、「自分にとって本質的なことは何か」を考え始めてほしい。

前述しましたが、1回で簡単に答えの出るようなものではありません。それでもこの問いに向き合わなければ、いつまでたっても現状は変わりません。

この「本質タイム」を習慣化できるようになると、気づきが生まれてきます。小さな気づきがやがて大きな気づきへと進化します。このプロセスに意味があるのです。あなたが変わり始めた証拠です。

本質に向き合わなければ現実は「余計なこと」で埋め尽くされ、やがてすべての仕事が「やりたくもない仕事」になっていきます。

その悪循環を断ち切れるのが、週に1度の「本質タイム」なのです。

まずは週に1度の「本質タイム」を習慣化する

本質と現実のギャップを見つめる

本質タイムを習慣化すると、次第に現実とのギャップが見えてきます。それは辛いことでもあります。

本当は、優秀な人材が集まる機能的な組織を創りたかったのに、現実はろくでもない社員ばかりだ……。

本当は、いま頃は上場して脚光を浴びるはずだったのに、業績低迷から一向に抜け出せない……。

本当は、地域で一番の店になりたかったのに、どこにでもある平凡な店になってしまった……。

誰もがこんな現実に向き合いたくありません。でも、ここは踏ん張りどころです。何がこのギャップを生んでいるのか？　いまこそその理由を見つけるときです。

優秀な社員が集まらないのはなぜなのか？
業績低迷から抜け出せないのはなぜなのか？
平凡な店になったのはなぜなのか？

さまざまな理由があることでしょう。優秀な社員が集まらないのは、採用手法が間違っているからかもしれないし、待遇や条件がネックになっているのかもしれません。それぞれ固有の理由があることでしょう。

でも、1つ言えるのは、**そのギャップは「何か間違ったことをしたか、何か間違った状態を放置していたか」の結果だということ。**それを突き止め、やめなければギャップはもっと拡大し、悪化します。現状維持のままでいつのまにか解決することは絶対にありません。

一定の時間を設けて本質に向き合う習慣を作る。本質に焦点を合わせて、現実との

ギャップを俯瞰する。その上で、余計なことをやめていく。これが、私が唱える余計なことをやめる方法の骨子です。

最初からうまくいかなくても、あきらめずに続けてください。自分にとっての本質的な価値にたどり着くのが難しければ、最初は自社にとっての重要な価値から考え始めても構いません（そのほうが格段に易しいです）。

考えるのをやめずに続けると、思考が研ぎ澄まされていきます。そうすれば、本質に直結する考え方が自然とできるようになるのです。

本質思考を身につけよう

「ありえない」を目指す

ビジネスにおいて凡庸は悪

前項で「本質」に立ち返って余計なことを見極めるという話をしましたが、私がもう1つ重視しているのは、「ありえないことかどうか」。

ビジネスにおいて「凡庸は悪」だと考えるからです。

「ありがとう」の反対は「当たり前」。

先日、ネットでこの文章を見かけてハッとしました。**私たちビジネスマンは、当たり前以上のことを提供して初めて、お客様から選んでいただける、「ありがとう」をいただける、ということを的確に表していると思ったからです。**

同じような会社や店がほかにあっても、自分のところが選ばれる理由は、「当たり前」ではない何かがあるからです。

だとしたら、すべての仕事は、「ありえないこと」を目指すべきだと言えるのではないでしょうか。**要はどんなときも「当たり前を超えるレベルを目指して仕事をする」ということです。**

人はスーパーマンではありませんから、そうはいっても実際には難しい。時間がいくらあっても足りません。だからこそ、いまある仕事をできるだけ整理して、大切な本質だけにその分、エネルギーを注ぐのです。「余計なことを捨てる」ことが、凡庸を超えるレベルに到達する鍵なのです。

私が３Ｐ（プロダクト、プライス、プレイス）を研ぎ澄まし、４つ目のＰであるプロモーションに力を注いできたのも、まさにこの「ありえないレベル」を目指してのことでした。

あなたの会社やお店を「ありえない」商品やサービスに結実できるか？　それを基準に「余計なこと」を見極めることも大切です。

「ありえない」から選ばれる価値

凡庸の対極のガトーショコラ

ケンズカフェ東京のガトーショコラは、凡庸の対極です。「ありえないこと」の集大成と言っていいかもしれません。

もともとは、本場フランス並みのガトーショコラが日本になかったことから、実現させたケーキです。当時、日本でガトーショコラに使われていたチョコレートは安価なものばかり。高級チョコレートを惜しみなく使ってとろけるようなリッチな味わいのケーキを作るという発想は、ほかの洋菓子店にはほとんどありませんでした。

そこで私は他店のように小麦粉やココアを一切使わず、最高級のチョコレートとバターを最大限に使ってガトーショコラを作りました。

おかげさまで、「こんなケーキは食べたことがない」と口コミで評判となり、リピート客が続出しました。以降、材料を何度も見直してさらにレベルを上げてきました。

箱も手提げ袋も、一般のスイーツ店とは一線を画しています。海外のラグジュアリーブランドのパッケージを参考にして、食べる前から「絶対美味しいに違いない」「満足させてくれるに違いない」と思わせるパッケージを追求しました。デザインはアートディレクターの秋山具義さんに依頼しています。

スイーツを入れる箱というより高級ジュエリーなどのブランド品を入れるにふさわしいパッケージ。それは「当たり前」のラインを大きく超えていると自負しています。

ケンズカフェ東京の店舗も、ありきたりではありません。

「カフェ」という店名ながらイートインのスペースはなく、ケーキ店なのにショーケースもない。あるのはカウンターと厨房、在庫スペースのみ。

ガトーショコラを収めているのはショーケースではなく「ショコラセラー」です。湿度と温度管理を細かく設定できる専用のショコラセラーは、ワインセラーのガトーショコラ版と考えてください。

このように私はガトーショコラにチャンスを見出し全力で磨き上げてきましたが、**あなたが手掛けているビジネスの中にも磨けば光りそうなものがきっとあるはずです。**

余計なことをやめて、お客様に感動を提供できるような「ありえない」ことに持てる力を集中させてください。

磨きに磨き上げる

価格も「ありえなさ」を目指せ

13㎝のケーキで3000円という価格も常識であれば「ありえない」設定でしょう。

これまでガトーショコラの価格を3回値上げしたことは第1章で述べました。中でももっともインパクトがあったのは、2008年に行った2000円から3000円への値上げです。

ただし、何の迷いもなく3000円に値上げしたわけではありません。2500円にしようか、2800円にしようか。2300円程度にとどめておいたほうが無難ではないのか。ずいぶんと逡巡しました。

最終的に、**「3000」というキリのいい数字が商品の格に劇的な影響をもたらすに違いないと考えて、決断しました。**

2500円、2800円という価格と比べると、大きくインパクトが違います。ギフトとしてカテゴライズされる金額でもあります。

この頃、私はレストランからガトーショコラに軸足を移そうと考えていました。そのためには何か大胆な「手立て」が必要でした。3000円という価格は、**ガトーショ**

コラの店として名実ともにやっていくための所信表明であり、「価格で勝って味でも勝つ」ことを宣言した価格でもあったのです。

満を持して常識を超える商品を作っても、価格やパッケージなど、どれか1つでも凡庸の域におさまってしまうと、「ありえなさ」の効果は発揮できません。当たり前を超えたいと思うのであれば、隅々まで徹底する必要があります。

私は、かの故スティーブ・ジョブズ氏も同じ発想でApple社を牽引し、成功を収めたと考えています。

唯一無二の価格で価値を高める

ウニパスタの絶大な拡散力

ケンズカフェ東京がレストランとして宴会料理を提供していた頃のこと、究極の「ありえない」料理を開発し、圧倒的な集客に成功したことがありました。

この宴会コース料理は猛烈に評判を呼び、ＳＮＳの世界で拡散されました。バズることを狙って出していたので、してやったり。２０１４年にレストラン部門は完全になくしましたが、この料理でラストを華々しく飾ることができたと思います。


さて、そのコース料理とは「極上生ウニのパスタコース」です。といっても、そんじょそこらのウニのパスタとは違います。北海道利尻産の無添加のウニを2箱丸々使ったパスタ。パスタが見えなくなるほどウニをのせたひと皿です。

当時はまだ「インスタ映え」という言葉はありませんでしたが、前菜からパスタ、デザートに至るまで、私はすべてにおいてブログやＳＮＳでバズることを想定した上でメニューを企画しました。

「ケンズカフェ　ウニ」で画像検索してみてください。いまでもたくさんの画像が見

られるはずです。
まず前菜は、本ずわい蟹山盛りのサラダです。次がホタテのソテー。オリーブオイルでソテーした超大粒のホタテを提供しました。その次が特大手長海老のロースト。これだけでもかなりの迫力があります。
そしていよいよウニのパスタの登場です。どっさりとパスタの上にのせた極上の生ウニ。ほとんどのお客様が写真を撮っていかれたのは、やはりウニのインパクトが強烈だったからでしょう。
デザートは2品で1品目は焼き立てプリンを出していました。大きな焼き立てのプリンをお客様の目の間で器から取り出しお皿にサーブすると、プリンがぷるぷるっと震えます。と同時に、お客様から歓声が上がりました。

コース料理の最後を締めくくるのがガトーショコラです。こちらも焼き立てですから、中はまさにトロトロ。チョコレートの美味しさを堪能していただけるガトーショコラでコース料理は終了です。

ブログはもちろん、フェイスブックでも「シェア」と「いいね！」がつきまくっていましたが、一番人気はウニのパスタに集中しました。当然といえば当然です。ほかの店にはない料理だったからです。

ウニのパスタをコースに取り入れようと思い立ったとき、私はちまたで人気のイタリアンレストランを食べ歩いてみました。しかし、ウニのパスタといいながら、質も微妙な上、ほんの少しのウニをパスタに和えているだけ。迫力はまったくありません。

そこで、私はウニを和えるのではなく、ウニそのものを味わえるパスタを提供しようと考えました。**インパクトを考えるなら「そこそこ」ではダメ。圧倒的な存在感が必要です。その策が見事に当たりました。**

このコース料理、利益は度外視で８０００円で提供していました。

当時、すでにガトーショコラの人気が高まり、いわゆる〝ブレイク〟しかけていた頃です。そこで、私はレストラン部門をすべてやめてしまう前に、店の宣伝になる策を講じたいと考えました。編み出したのがこの宴会コース料理だったのです。どんな形であっても宣伝になればいいと考えて企画した料理なので、ほとんど利益が出ないのは覚悟の上でした。


結果的には、利益には代えられないほどの大きな収穫がありました。雑誌、ＴＶ、Ｗｅｂ。あらゆるメディアから取材が殺到し、コース料理の感想を記したブログがネットの世界に溢れました。ＳＮＳも言わずもがなです。いままでガトーショコラを知らなかった方にもケンズカフェ東京の名前が届くようになりました。

私はこのことからネット時代のいま、「ありえないこと」はまたたく間に拡散すると学びました。

「ありえない」は瞬時に拡散する

迷ったときは、どうするか？

「余計なこと」は見栄と気遣いから生まれる

「本質に照らす」「ありえないことを目指す」、この2つを基準に「余計なこと」をやめてみた。それでもついつい余計なことに時間を取られてしまう……。気づけば、元の黙阿弥。毎日が忙しく、視界が曇ったまま目の前のことに忙殺されている……。

そんなときは、**「カッコイイ人」や「いい人」になろうとしていないかどうかをチェックしてください。**

私も何度もありました。例えば、イタリアンレストランからガトーショコラ専門の店にシフトしたとき。もともとはイタリアンのシェフなのに、スイーツの店にシフトする、しかもたった1アイテムだけの店にしてしまったら人にどう思われるか。それこそ飲食業の世界を教えてくれたかつてのボスに申し訳ない……。失敗したら恥ずかしい……。そういった思いが頭をかすめました。

その前のディナータイムを宴会だけに絞ったときも、宴会だけのレストランなんてみっともないと躊躇する思いがありました。

いまでは私はガトーショコラを焼く仕事もスタッフに任せていますが、そのときも「シェフとしてスタートしたのに料理をやめるなんて、人にどう思われるか」と思う気持ちがなかったと言えば嘘になります。

でも、それぞれの場面で、そういった思いを振り切ったからこそ、店を潰さずにすみました。

人にこんなふうに見られたい、世間にこう思われたいという見栄は、プラスに働くこともありますが、往々にして足を引っ張りがちです。

余計な気遣いも禁物です。パフォーマンスの悪い社員を「辞めさせるのはかわいそう」と雇い続けていたら、小さな会社は持ちません。当人にとっても、他の場所なら輝けるかもしれないのに、あなたが余計な温情をかけるせいでそのチャンスに出会えない、とも言えるのです。

仕事の中に、見栄や気遣いに由来し、惰性的に続いているものはありませんか？

それを自覚できたら、「やめ時」です。迷ったら、自分の胸に手を当てて、本質的にやりたいことに向かって進むのか、周囲の目を気にしながらその場限りのことに調子を合わせて生きるのか、よくよく考えてみてください。


人生で優先すべきは、見栄や気遣いではない

恐怖心を捨てる

見栄や気遣いのほかに、もう1つ、余計なことだとわかっていてもやめられないときに湧き起こってくる感情があります。

それは「**恐怖**」です。

第2章で「業績向上に縛られるのは〝余計なこと〟」だとお伝えしましたが、数字への呪縛を招いているのが、まさにこの「恐怖」です。

もっともっと頑張って、もっともっと数字を伸ばして、もっともっと内部留保を作らないと。そうしないとライバルが攻めてきたり、自分が病気になるかもしれないし、時代が変わって、会社が潰れるかもしれない！　そうしたら、社員は路頭に迷い、家族は不幸になり——。

こういったネガティブな想像力は、なぜかみなさんとても豊富です。


でも、ちょっと待ってください！

いままでどんなときも生き抜いてきたあなたの会社や店は、そんなに簡単に潰れるでしょうか。

人間いつか死ぬように、会社も店もいつかは終わるでしょう。でも、死ぬことばかりを考えていては人が生きられないように（もしそうなら、人は毎日、死に支度をしていなければなりません！）、会社も店もそうそう簡単には潰れません。人は稀に事故などで突然絶命することがありますが、会社はきちんと数字をチェックしてさえいれば、不慮の死に遭うことはないのですから。

それなのに、最大限に頑張って業績を上げ続けなければ、この先やっていけなくなる、という恐怖に囚われている人のなんと多いことでしょう。

その結果、売上が落ちるとわかると慌てて新商品を開発してみたり、セールを打ってみたり。無駄なことに労力を費やして、余計な仕事を増やしています。

根底にある「会社が潰れることへの恐怖の感情」を手放していれば、冷静に、やるべきこと、やめるべきことがわかるのに……。

この恐怖心は手放すことが可能です。実はとっておきの方法があるのです。


それは、わざと業績を落とすこと。

経営に影響の出ない範囲で、**前年や前期よりも下げた数字を目標数字にするのです。**

実際、ケンズカフェ東京はこれまでに2度、業績をわざと落としています。私にはもうこの手の恐怖心はないのですが、業績目標を下げて設定しておくと、最初から「今期は収穫時期ではなくて、種まきの時期。よし、将来のためになることを仕込もう」と自分やスタッフが明確に意識できるのです。

恐怖に駆られて、業績拡大に邁進するのは、ばからしい。ぜひ、数字を無理に伸ばさない経営に目覚めてください。

そうすれば、やるかやらないか迷ったときに、ストレスなく本質的なほうを選べるようになります。

業績をわざと落としてみる

結果を先に作る

迷ったときは、先に「結果を作ろう」と考えることも有効です。先に結果を作るとはどういうことか。

例えば、マイホームを建てるとします。お金がじゅうぶんに貯まってから家を建てる。これが一般的な考え方だと思います。

しかし、お金が貯まるのを待っていたらいつまでたっても「そのとき」はこないかもしれません。だったら借金をしてでも家を建てたほうがいい。もちろん現実的な返済計画は必要ですが、お金が貯まるのを待つよりもまず先に「家を建てる」という結果を実現するのです。

海外旅行も同じです。お金が貯まったら、時間ができたら、一緒に行く相手ができたら。そんなことを考えていたらいつ行けるかわかりません。

「いつかそのうち」「準備が整ったら」という人に限っていつまでたっても実行できないものです。先に行動を起こし、結果を手に入れてみる。借金をやみくもに推奨するわけではありませんが、「〇〇できたら」と考えてばかりでは何事も起こせません。

ビジネスでは、先にリスクを取ることが、事業を推進させます。必要以上の慎重さは、停滞を招きがちなのです。

ケンズカフェ東京の例を１つ挙げれば、２０００円から３０００円に値上げしたとき。ブランド力がもっと高まってから、ケンズカフェ東京の知名度がもっと上がってからと考えていたら、いつまでたってもぐずぐずと値上げできなかったでしょう。

そうではなく私は先に値上げをして、その後３０００円のガトーショコラにふさわしい原材料に替え、パッケージを見直しました。お客様からの支払いはクレジット対応し、おつりも新札でお渡しすることにしました。

まず先にブランド力のあるケーキという結果を作り、その後でブランドを整えていったのです。

立場は人を作ると言います。同じように、結果は中身を整える。迷ったときは、結果を先に手に入れるという考え方で、取捨選択してください。

まずリスクを取ったほうがいい

足るを知る

リスクを取ることの一方で、「足るを知る」というのも私の行動指針です。

現在、ケンズカフェ東京ではガトーショコラを1日300～400本焼いています。

売上を上げるためには、もっと生産量を上げるという選択肢もありますが、私はそれが最善だと思いません。

設備を増強し人を増やして、ガトーショコラの生産本数をがんがん増やす。そうやってもっともっとと、上を目指していくことに魅力を感じないのです。

そうやって業績拡大を追求し続けることも、「恐怖心」の表れではないのか、そう感じています。前項で「リスクを取ろう」と言ったことと矛盾していると思われるかもしれませんが、そうではありません。

あなたが目指す本質に適っているならリスクを取ったほうがいい。でも、たとえ本質に適っていたとしても、恐怖に駆られて焦る必要はない。

そう言いたいのです。

このあたりは説明が難しいのですが、人生の一時期、寝食を忘れてのめりこむことがあってもいいとは思いますが、本来、本質は淡々と追えばいい。パワー全開を自分のスタイルにしてしまうと、自分も周囲も心身を削ることになります。

「上へ上へ！」と全力疾走する人は、むしろ脆い。それよりも、自分はそれほど優秀な人間ではない、と気楽に構えて「ほどほど」のペースで進んでいく。

本書の冒頭でケンズカフェ東京のこの20年の快進撃を披露しておきながら、「足るを知る」とか「ほどほどでいい」とか、言ってることとやってることが違うではないかと指摘を受けそうですが、私のベースにあるのは、いつもこの思いです。

自慢めいて聞こえるかもしれませんが、**本質を見極めて、きちんと捨てるべきものを捨てながら進めば、どんな会社や店であろうと事業を伸ばせる**、それが私の言いたいことなのです。

焦らず、欲張らず

変わり続けよう

時代に応じて材料を変えてきた

何を手放し、何をやり続けるのか。何をやめ、何を残すのか。迷ったときにどう判断するかをお話しししてきました。

絶対的な正解はありません。

ただ、1つ言えることは、社会は変わり続けているということ。

自分の軸足を守り、その上で常に流動的に考えるというのが正しいと思っています。

要は何ごとにも固執しない。

私の場合、軸足は心から美味しいと思っていただけるガトーショコラを提供し、お客様も自分もハッピーになること。ここを守りながら変わり続けてきました。

例えばガトーショコラの味です。私は時代に応じてガトーショコラの味を変更しています。

最近では、2015年にガトーショコラの味を変え、今年6月にも再び変更しました。2015年に味を変えたのは、その前年に1本7000円の「超特撰ガトーショコラ」を100本限定で発売したのがきっかけでした。

このとき私はチョコレートの最高峰イタリア・ドモーリ社の最高級「クリオーロ」の中から「チュアオ」というチョコレートを選び、100%使用してみました。チョコレートの世界では比類のない超高級品は7000円という限定品にふさわしいと考えたのです。

それが思わぬうれしい事態を呼び起こしました。100本作るためにこの「チュアオ」を大量に仕入れたところ、なんとドモーリ社の創業者であるジャンルーカ・フランゾーニ社長が「そんなに買ってくれるとはどういう店なんだ」と興味を持ち、仕事で来日した折に店まで訪ねてこられたのです。

彼は自社製品に誇りを持っているので、フルーツやナッツを入れたチョコレートはもともとあまり好きではないとのこと。その彼がケンズカフェ東京のガトーショコラを食べて大変気に入ってくれました。チョコレートの味を最大限に活かした「生一本」のようなケーキですからある意味、当然かもしれません。

そこから、年間５ｔものチョコレートを使用しているなら我が社の製品を使ってみないかという話になり、ドモーリ社がケンズカフェ東京のためにオリジナルのチョコレートを生産する運びになりました。

実は当初、値段が値段のため先方からのオファーをお断りしていました。ところが、社長がお土産に持ち帰ったガトーショコラを奥様がたいそう気に入り、「このケーキは絶対にドモーリのチョコレートで作らないとダメだ」と猛プッシュされたらしく、価格的にも良い条件を出していただいたのです。

ドモーリ社のオリジナルを使えるという機会は希望してもそうそう叶うものではありません。日本では唯一のことで、こちらとしても願ったり叶ったり。ドモーリ社は一般には知名度はありませんが、業界関係者やスイーツマニアの間では抜群の知名度と信頼感を得ています。

１本７０００円の「超特撰ガトーショコラ」への挑戦がもたらした成果です。

いま、軽さが求められている

しかし、それから3年後、私は味を変えなければと決意し、再び動き出しました。味を変えようと私を動かしたのは、消費者の嗜好の変化です。

ドモーリ社のオリジナルチョコレートは文句のない最高風味でした。しかし、美味しすぎて濃厚でした。美味しすぎて何がいけないのかと言われるかもしれませんが、時代はもう少し軽い味を求めています。

もし5000円の価格であればその味でもいいのかもしれません。ありがたく食べるというシーンにはうってつけの濃厚さでしょう。しかし、3000円のガトーショコラとしては、もう少しだけ軽く仕上げるほうがいいと判断しました。

消費者の嗜好の変化はフランス料理やワインにも見て取れます。美味しくても重い味はいま流行らない。フランス料理もガトーショコラも傾向としては同じです。

味を軽くしようと決め、私はチョコレートを以前使っていたヴァローナ社のものに戻しました。ただし、前に用いていた「グラン・クリュ・テロワール」シリーズの最高峰である「アラグアニ」ではなく、オリジナルのチョコレートにです。

ヴァローナ社も非常に有名な一流チョコレートメーカーです。一般的な知名度はむしろこちらのほうが上でしょう。いまケンズカフェ東京で使用しているのは、ヴァローナ社が初めて作った日本のパティスリー向けのオリジナルチョコレート「KEN'S」です。現在、自社分と監修スイーツ分を含め、年間20t以上を輸入しています。

ただブランドにこだわるのであれば、ドモーリ社の製品を使い続けるという判断もありえたと思います。「ドモーリ社の創業者が認めたガトーショコラ」というストーリーはメディアにも受けて、さまざまなところで取り上げられました。スイーツライターからの注目度も抜群でした。

しかし、**消費者の舌のベクトルが「軽さ」に向いている以上、そこから目を背けることはできません。「そのうちに」「いつか」などと考えているうちに取り返しのつかない事態に陥ってしまうかもしれないからです。**

変わらないでいるほうが楽で簡単です。何より考えずにすみます。変わるほうを選ぶとなると、考えなければならないことがたくさん出て、作業が山積みになります。

それでも変化を選ばなければ前には進めません。変わり続けるために何を捨て、何を選ぶのか。常に自分に問いかけるプロセスが重要です。

しがらみに縛られない

人材確保に悩まなくなった

もう1つ、変え続けていることがあります。ケンズカフェ東京のスタッフ採用です。

まだレストラン営業をしていた頃の話ですが、当時の私は、宴会の予約が入った場合の短時間スタッフを人材派遣会社に依頼していました。

当時の時給は1500円。3時間頼めば、税込みで5000円弱かかります。高額ではありましたが、単発で短時間だけ働いてくれるスタッフを単独で集めるのは困難です。必要な時期に必要な時間だけ働いてくれる人をすぐに手配してくれる人材派遣会社は非常にありがたい存在でした。

派遣スタッフとして店に送られてくるのは、短期や単発で働きたい女子大生たちでした。彼女たちが手にする金額は時給１０００円ほどで、残りは派遣会社のマージンです。

そこで、どうせ１５００円を払うならばと、当時の時給の感覚からすれば破格の１５００円という金額を打ち出して、大学生のホールスタッフを自前で募集してみました。

どれぐらいやってくるのだろう？　期待半分、興味半分で構えていたところ、たくさんの応募がありました。ちなみにこの１５００円という金額は交通費込み。交通費の明細管理を省くために、別途の支給をやめてコミコミの金額にしました。そして、サービスとして業務終了後にまかないご飯をつけていました。

しかし、「食事をつけたほうが喜ばれる」という発想は、私の思い込みに過ぎませんでした。ご飯よりも何よりも、仕事が終わったらすぐにでも店を出たいというスタッフが多かったのです。

私にとってもまかないご飯作りは楽な作業ではありません。ましてや喜ばれないのであればやる意味がありません。そこで、まかないご飯の提供はやめて、食事代として１０００円をポケットマネーから出し、すぐに帰ってもらうようにしたところ、大歓迎されたことは言うまでもありません。「よかれ」と思ってやったことが、必ずしも喜ばれないことを学びました。

次に、「交通費支給なし・まかないご飯なし」の時給２０００円でスタッフを募集してみました。ちょっとしたトライアルのつもりでした。

さて、その反応はどうだったと思われますか？

抜群でした。単発でもいい、１日３時間でもいいから働きたいというスタッフを苦もなく確保できるようになったのです。また、これも予想外のことでしたが、一度店で働いたスタッフが同じ大学の友だちを紹介してくれるようになりました。言葉は悪いのですが、まるで芋づる式です。

このとき以降、ケンズカフェ東京では人材募集に一切お金をかけていません。もう募集コストをかけなくてもいい。**わざわざ募集しなくても次から次へと容易に人材を集められるようになった**のです。

高い時給がそうさせるのか。いわゆる一流大学の学生さんが集まってきてくれたことも意外な収穫でした。彼女たちは、仕事ができるのはもちろんですが、細かい気配りについても申し分ありません。英語ができるスタッフ、ビジュアルの良いスタッフも多いです。

働きたいという希望者が多くなればなるほど、より有能な人材を採用できます。私から特に指示しなくてもみな積極的に仕事をするし、遅刻する者もいません。時給を500円上げただけで、こんなにも違う世界に足を踏み入れられるとは思いもよりませんでした。

これはまさにガトーショコラの価格を3000円に上げたときと同じ。価格によって出会える人、出会えるお客様、出会える世界が大きく変わるのです。

良い人材の確保にはどこも苦労しています。特に昨今は人材不足が甚だしく、募集しても人が集まらなくて困るとぼやく経営者がたくさんいます。

一方、私はスタッフの確保や教育に無駄な労力や費用をかけずにすむようになりました。時間やコストが浮いた分、より本質的な仕事に力を入れられるようになったのです。

こうなるともう好循環しか起きません。彼女たちに支払う給与額は上がりましたが、募集にかける費用はかからなくなりましたし、サービスレベルも上がったので、コスパは格段に良くなりました。何より私の頭の中から人材や採用に関する悩みが消えたことが一番大きな収穫です。

その後、卒業した彼女たちは、ゴールドマン・サックス、大手広告代理店、メガバンクなどに就職しました。秘書的な業務もあるようで、接待の手土産に「ガトーショコラ」を推薦してくれたりします。

いろいろ変える中で、うまくいかないものも出てくるかもしれません。でも、そうしたらまた元に戻せばいい。

大事なのは変化を恐れないこと、変化に貪欲であること。警戒すべきは変化ではなく、停滞です。

何かをやめて、何かを始める。変化にポジティブであり続けてください。

変わることで新しい視点がもたらされる

ファミリーマートと手を組んだ理由

ケンズカフェ東京の事業内容が3年前に大きく変わった話をしたいと思います。それまではガトーショコラを自ら生産し販売するビジネスでしたが、新たに大手コンビニチェーンのファミリーマートと手を組み、スイーツの監修をスタートしました。

ファミリーマートは私が監修したスイーツ類を販売し、その対価としてケンズカフェ東京はロイヤリティ収入を得ています。すでにロールケーキ、アイスバー、ショコラフィナンシエ、ショコラパウンドなど、20種類以上のスイーツが販売されました。私としてもファミリーマートのチョコスイーツ開発に携われ、やりがいがあります。

コンビニと組んだらブランド価値を毀損しないのかという疑問を投げかけられることがありますが、それにははっきりNOとお答えできます。

10年ほど前だったら多少そういった見方が世間にあったかもしれませんが、もういまは違います。

山頭火、すみれ、一風堂など、有名ラーメン店がコンビニチェーンとコラボした商品がコンビニの店頭にたくさん並んでいますが、それによってそれぞれのラーメン店の人気に陰りが出ているでしょうか。そんなことはありません。むしろ「すごい」という評価です。

スイーツにおいても同じです。コンビニ市場の裾野は広いので、ケンズカフェ東京のガトーショコラを知らなかった、知っていても高くて手が出なかったという層にコンビニを通じて効果的にアプローチができます。

その人たちはケンズカフェ東京のファンになることはなく、コンビニで買っただけで終わってしまうかもしれませんが、それでも問題はありません。

売上を伸ばすことができるのは確かですし、優良な大企業と組むことで、ビジネス上の信用度も高まりました。仮に店舗を3か所に展開していたとしてもほとんど信用にはつながらないでしょうが、ファミリーマートと一緒にやっている会社ということで、社会的にも大きな信用を得られています。

コンビニとのコラボで私が失うものは何もない。むしろメリットだらけ。モノを作って売ることだけに執着していたら、こうしたプラス効果は望めなかったでしょう。

ファミリーマートで私が監修したスイーツ類が販売された後も、直接にはケンズカフェ東京の客層や売上に影響は出ていません。

コンビニでケンズカフェ東京のことを知り、ガトーショコラの購入に至るという動きはゼロとはいいませんが、どちらかといえば少ないようです。

逆に、もともとガトーショコラを食べていただいていたお客様がファミリーマートに立ち寄り、気軽な値段で購入できるコラボスイーツに手を伸ばしたというケースが多いように感じています。

私がもっと興味があるのは、未来のことです。

コラボ商品を通じて、若い世代がケンズカフェ東京の存在を知り、将来的に当店でガトーショコラを買っていただける可能性についてです。

マーケティングの世界では、同じ人やモノに接する回数が増えるほど、対象に対して好印象を持つようになる効果を「ザイオンス効果」と呼びますが、その効果を期待しています。

ファミリーマートとコラボしたスイーツには、多少時間はかかるかもしれませんが、気長に未来のお客様を育てるという意味合いがあるのです。

第3章の広告展開のところでも述べましたが、未来の顧客作りは不可欠です。売上を上げながら、新しいチャンネルを使って未来の顧客と接点を持てるのですからまたとないチャンスなのです。

あなたの会社がまだ未来の顧客を育てていないのであれば、自ら変化し、新しい価値を創出することで、ぜひ未来のファン作りを進めてください。

ケンズカフェ東京が低迷期を脱し、順調に売上を伸ばしているのは、私に才覚があったからではなく、**とんでもない運に恵まれたからでもなく、変化を恐れることなく、余計なものをやめてきたからです。**

初期の頃にTV番組に取り上げられるという幸運があったではないかと言われるかもしれませんが、メディアで大々的に紹介されたものの人気が瞬間風速で終わってしまった例はいくらでもあります。

「最も強い者が生き残るのではなく、最も賢い者が生き延びるのでもない。唯一生き残ることができるのは、変化できる者である」

進化論を唱えたチャールズ・ダーウィンの有名な言葉ですが、ビジネスの世界にも共通する洞察です。

一方、現状維持は停滞や衰退と同義語です。仕事の喜びを叶えたければ、変わることです。一歩踏み出してまずいと思えば、元に戻ればいい。

そう思えば変化など怖くありません。変化を恐れず余計なものを手放し、工夫を続ける者だけがチャンスをものにし、確かな果実を得ることができるのだと思います。

変化する者だけが生き残る

第5章

ブランドは、余計なものを捨てた先にある

ミシュランガイドの星の意味は「価値」

さて、本書もラストに近づいてきました。本章はこれまであまり語ってこなかったこと、**「ブランド」**について語りたいと思います。

みなさんはブランドと聞いて何をイメージされますか？

レストラン業界ではいかがでしょう。私は「ミシュランガイド」の星を獲得しているレストランは、間違いなくブランド価値があると言えると思います。

ところで、ミシュランについては少し誤解がありそうです。

ミシュランの一つ星、二つ星、三つ星と聞いたときに、星の数が多ければ多いほど料理が美味しい店だと思ってはいないでしょうか。これは誤りです。ミシュランの星は料理の味だけに対する評価ではありません。

ミシュランはそもそもフランスのタイヤメーカーが発行するガイドブックです。旅行がテーマですから、それにちなんだ基準で星も付けられています。

ミシュランの一つ星は、そのカテゴリーで特に良い料理。二つ星は、遠回りしてでも訪れる価値のある素晴らしい料理。三つ星は、そのために旅行する価値のある卓越した料理。

ポイントは、ミシュランが重視しているのは味を含めた料理の「価値」という点です。その店にわざわざ行くだけの価値がどれだけあるか。時間をかけてでも行くほどの価値がどれだけあるかが評価の指針です。

つまり、美味しいだけではダメなのです。そこでは独創性や素材の質も求められます。味はもちろんのこと、その店に行かなければ得られない体験ができる。そうした店が星を獲得しています。

例えば、2008年に初めてミシュランの二つ星を獲得し、2016年まで連続して二つ星を取り続けたデンマークのコペンハーゲンにあるレストラン「ノーマ」。ここはドキュメンタリー映画まで作られた有名店です。この店は生きたアリを使った料理で知られています。

料理の世界で**「ありえないこと」をやってのけたお店です。**

決してそれ自体が特別に美味しいわけではないけれど、ここに足を運ばなければ食べられない料理を創作している。それが価値であり、ミシュランに評価されたゆえんです。

美味しいことは大切です。美味しい料理やスイーツはそれだけで価値があります。

でも、それだけではブランドは作れません。それはほかの業種にも言えることです。

魚屋さんが新鮮で美味しい魚を提供することは大切です。靴屋さんが履き心地が良くて長く歩いても疲れない靴を提供することは大切です。

しかし、**ブランドを目指すなら、それだけでは足りません。**

「あの会社は、あの商品は、ほかのどことも違う価値をいつも提供し続けている」その信頼感を私はブランドと呼ぶのだと思います。

私のガトーショコラが目指すのはまさにそこです。

ただし「ほかのどことも違う価値」といってもキワモノになってはいけません。生のアリを使った料理は許容範囲ギリギリかもしれませんが、キワモノは一発芸みたいなもの。遊び心でたまにやるのは面白いかもしれませんが、ブランドはたとえ突飛なこと、振り切ったことをやったとしても、どこか真ん中を歩いている。消費者に堂々と価値を届けている。

私が本書で語ってきたことは、すべてそのど真ん中の価値を創るために試行錯誤しながら見出したこと、と言っていいと思います。

変化の激しい社会で、ど真ん中の価値を送り続けるというのは並大抵ではありません。挑んでも、挑んでも、たどり着けないかもしれない。**それでもそこにチャレンジし続けるからこそ、私たちのビジネスは進化し、上の次元に行けるのではないでしょうか。**

邪道ではなく、本質的な道を進む。その上で独自の価値を提供していくことが、結局はブランド力を高める一番の近道だと思います。

価値を提供し続けるから得られる「信頼」

追随やモノマネ店に負けない力

ほかのどこにもない価値を実現し、ブランド力を高めていくと、必ずといっていいほどモノマネ商品が登場します。

実際、世の中にはケンズカフェ東京のガトーショコラによく似た商品がいくつもあります。ガトーショコラの裾野を広げるために私が公開しているレシピをそのまま使っているらしき店も見受けられます。かなり似通ったパッケージを採用している店も１軒、２軒ではありません。

面白いことに、そうした店の多くはハーフサイズやテイスト違いなど、バリエーションを増やしています。３０００円のガトーショコラの領域ではケンズカフェ東京というパイオニアがあり、先行者利益が大きいため、ここを切り崩すのは難しいと判断するからかもしれません。

ケンズカフェ東京もお客様から「もっと小さいのはないの？」「種類はこれだけなの？」と毎日のように言われています。そのたびに「これしかないんです」とお答えしていますが、これはもう辛抱としか言いようがありません。

どんなに聞かれても、同じ質問が続いても、「いえ、当店で作っているのはこのガトーショコラだけです」と答え続ける。これには忍耐が必要です。

私はこの忍耐こそ、追随やモノマネ店に負けないための原動力だと考えています。商品を絞り切る忍耐力を持つことが、追随商品が増えていくマーケットを生き抜いていく戦術です。


ケンズカフェ東京のガトーショコラは、本当の初期の頃は、一時的に2種類のサイズを揃えていたことがありました。また、ビター味ともう少しマイルドな味の2種類を用意していたこともあります。前述したようにカード会社とのコラボで超高級ガトーショコラを期間限定で販売したこともあります。

しかし、本当にお客様のメリットを考えたとき、アイテムを増やすのは余計なことではないのか。そう考え抜いて、現在は1アイテムにたどり着きました。

ガトーショコラといえば、ケンズカフェ東京の3000円のもの。そう認知していただくことが、もっともわかりやすいし、覚えやすい。

自分たちの商品を真似する店が後から後から登場したら、気持ちとしてはどうしても焦ってしまいます。「向こうがそれだけのラインナップを揃えるのなら、こちらも対抗しなくては」、そんな気持ちに襲われがちになりますが、視点を変えて考えるべきです。

モノマネ組はこちらのように商品を1つに絞ることはできません。そうした覚悟や忍耐がないからです。 結果、ラインナップを増やすことでケンズカフェ東京との差別化を図ったつもりが、効率悪化、商品力の分散、廃棄ロスや販売機会ロスを招き、心が折れ、じりじりと負けていきます。

だからこそ、**焦る気持ちが出てきても余計なものに手を出してはいけない。堪えて、堪えて、堪えたところで、他店とは非なる魅力がより一層磨かれていくのです。ブランド力を高めるためには、堪え性でなければなりません。**

モノマネされても焦りは無用

「闘わない」ために商標を登録

ブランドを守り高めるためには、忍耐が必要であると同時に、**効果的な戦術も必要です。**

ガトーショコラの認知度を上げ、マーケットの裾野を広げるための方法として、私がレシピを公開しているのは第3章で述べたとおり。そのレシピをそのまま使って、追随するスイーツ店が出てくるであろうことは最初から覚悟していました。

その事態を見越して私はいくつか事前に手を打っています。**まず何より、商標を取ること。**ガトーショコラは一般名詞なので、その名前での商標登録は難しいのですが、「特撰」という言葉込みでなら問題なく、晴れて商標を取得できました。「ケンズカフェ」「KEN'S　CAFE TOKYO」「ショコラセラー」も登録済みです。

一般的な言葉だけでは難しい商標登録も、ロゴや図形などと合わせると取りやすいとか。取得にはさまざまなアプローチが考えられます。プロの力を借りるといいと思います。私の場合、食関連の事情に精通している神保特許事務所の神保先生に依頼しています。

ところで、なぜ商標を取ることがケンズカフェ東京にとって武器になるのかとお思いでしょう。これは**闘わずにすむための武器**。取得しておけば、他店はもうこの名前を使えません。味は真似しても、商品名まで真似することは不可能になります。

私は会社に**顧問弁護士もつけています。これも闘わないための防御策**。何かあったときにも即、法的に対応できます。

小さなスイーツ店で顧問弁護士をつけているところはおそらくほとんどないでしょう。費用はかかりますが、**ブランドを守るためにはそれぐらいの対策は整えておく。**

そのためにも、必要な利益をきっちりと確保できる仕組みを作っておくべきなのです。

闘わないために備える

記念日制定で大手対策

毎年、9月21日は「ガトーショコラの日」であることをご存知でしょうか。
といっても公的な日でもなんでもありません。企業や団体、個人などによってすでに制定されている記念日や、新しく制定した記念日の認定と登録を行っている一般社団法人日本記念日協会に申請し、私の店が初めてガトーショコラを発売した日にちなみ、登録した記念日です。

記念日の制定については10年ほど前から検討していましたが、実行したのは2年前。登録しておいて言うのも何ですが、そう大きな影響力があるとは思っていません。宣伝効果としては大したことはないでしょう。

それでも記念日登録をしたのは、記念日を他社に取られたくなかったからです。**大手チョコレートメーカーに先に登録されるのだけは避けたかったというのが理由です。**

公的な日ではないので、勝手に自分で「9月21日はガトーショコラの日です」とホームページなどでうたってもよかったのですが、やはり自分で言うのと、**他者に認**

定してもらうのとでは信頼度が違います。 こういうことは第三者機関に言ってもらうことが大事。**権威付けは必要です。**

さして大きな効果は期待していなかったにもかかわらず、取材を受けた際などに「9月21日はガトーショコラの日なんですよ」と告げると喜ばれます。ニュースバリューのある「使えるネタ」だからでしょう。今年も9月21日に「Ｙａｈｏｏ！ライフマガジン」にて、ケンズカフェ東京のレシピが紹介されました。**アクションを起こしたからこそ、こういう機会にも恵まれます。実にありがたいことです。**

これをされたら嫌だということに対処しておく

種まきの時期と収穫の時期を作る

ブランディングを進めていく上で私は「種まきの時期」と「収穫の時期」を意識す

るようにしています。**「種まきの時期」とは売上を今後上げていくための仕込みの段階。「収穫の時期」とは仕込んだ策が成果を上げていく段階。**

ケンズカフェ東京の歴史を振り返ると、後付けですが「種まきの時期」にあたるのは、宴会だけに絞ったり、ネット通販からの撤退などを検討し実行に移した時期。

売上が下がるかもしれないと覚悟して、将来を見据えた策を打ち出せたのが本当に良かった。以来、意識的に「種まきの時期」と「収穫の時期」を作るようにしています。

「種まきの時期」は、余計なことやいらないことは何かを見つめ直して捨てる時期です。また、「収穫の時期」に混乱しないよう、環境を整備しておく時期でもあります。

この「種まきの時期」は自分が勉強する時期でもあります。宴会だけに絞るという決断を下したときには、「ぐるなび」や自社のホームページなどインターネットを使っていかに集客を図るかを徹底的に研究しました。自らＳＥＯ対策を講じ、結果をチェックし仮説を立てては実証を繰り返しました。

また、意識して人に会うようにもしています。人ほど情報を持っている存在はありません。人に積極的に会い話を聞くことで、ヒントや切り口が見えてきます。「種まきの時期」に勉強し、人に会い、自分の蓄えを増やすのです。

一方、**「収穫の時期」はためらわずアクセルを踏む時期です。**1年のスパンで見ると、ケンズカフェ東京にとっては、バレンタインやホワイトデー、クリスマスシーズンがそれにあたりますが、この時期はそれこそ余計なことは考えず、収穫に徹します。

「種まきの時期」に仕込んだことをできるだけアウトプットにつなげるイメージです。「種まきの時期」を設けるからこそ、収穫量が多くなるのです。

この2つの時期を意識的に使い分けることが、息切れせずにブランドを育てるコツだと思います。

「種まきの時期」と「収穫の時期」をコントロールする

余計なものを断ち切ることで、強いブランド、強いビジネスができる

振り返れば、私はずいぶんといろいろなものを手放してきました。なかなかやめられなかったものもあれば、すぐに決断できたものもあります。

私が余計なことを断ち切ることができたのは、あるときにはダメなら後戻りすればいいと考え、あるときには売上が落ちてもいいと考え、**決断に〝余白〟をもたせたからだと思います。**

中小企業の戦力は限られています。最後にもう一度、考えてみてください。

本当に現在の価格のままでいいのでしょうか。それだけの商品数が必要でしょうか。現在のお客様を維持することだけがすべてでしょうか。会社や店の中に余計な機能や事業はないでしょうか。

いつも忙しさに追われ、売上をあげなくてはとしゃかりきになっていると種まきの時期を作ることができません。

種まきをするためにも適切な利益が必要です。ここができていないといつまでたっ

ても自転車操業のまま。利益が出ないから種まきができず、結局収穫量も少ないという悪循環から抜けられなくなるのです。

繰り返しになりますが、なかなか売上が上がらない、利益が得られないという悪循環から抜け出すためには、本質に目を向け、余計なものがないかを見つめ、手放す勇気を持つことが必要です。

ずっと右肩上がりでなくてもいい、売上が多少落ちてもかまわないという心構えができれば、余計なものを断ち切るステップまであと少し。プレッシャーは減り、豊富な収穫量を目指して種まきに専念できます。私はそうしてガトーショコラをダントツの味を備えたナンバーワンのブランドに育ててきました。

中小の会社や店でもブランド化はでき、好循環は作れます。いま業績が芳しくなくても可能です。戦力が限定的でも有効な戦い方はあると、私はこの20年で身をもって感じてきました。

適正な利益を確保しながらどこにもない独自の価値を提供し、お客様がワクワクするような体験を与え続ける強いブランド作り、ビジネス作りに、ぜひ、一緒に挑戦していきましょう。

今日から悪循環は断ち切れる

KEN'S CAFE TOKYO
KEN'S CAFE TOKYO

終章

人の役に立とう

いま、考えていること

よく、いまの目標を聞かれます。

ガトーショコラをより多くの人に知ってもらい、味わってもらい、ブランド力をさらに磨いていくことが一番の目標ですが、近年はもう1つ、人の役に立ちたいという想いが強くなってきました。

人のために動く。その経験をどんどん積み重ねていきたい。誰かの役に立つことで人生はより楽しくなる。充実すると思うようになってきたのです。


私の場合、特に困っている商売人を見るとスイッチが入ってしまうようです。同業者に原料のチョコレートを無料で送ることもありますし、知り合いが本を出せば5冊、10冊と買い、アマゾンのレビューも書いたりします。

レストランの支援も行っています。ネットの使い方、写真の撮り方、文章の書き方などのノウハウを無償で提供しています。

こうした支援を行っていると、お返しというわけではありませんが、さまざまなことを教えてもらえます。

料理やワイン、店舗の外観や内装のカラーコーディネートなどについて得難い知識を提供してもらったこともありました。それを期待して始めたわけではないのですが、結果として私自身の学びとなることが大きいのです。

経営の相談を持ちかけられれば自分ができる範囲でアドバイスを提供しています。料理の腕は良いのに業績はいまひとつという店は案外多いものです。そこに私の知見やノウハウを使ってもらい、軌道に乗ってもらえればこんなにうれしいことはありません。

ときには、支援をしている店のためにポケットマネーで広告を出すこともあります。他の店が広告記事で紹介される場合、どのように仕上がっていくのかを知ることもできるので、自分にとってはなかなか得難い体験です。

前著を出版したことが契機となり、ビジネス系の講演を頼まれることも多くなりましたが、「ガトーショコラの人」としてメディアに出ることは断っても、こちらの依頼はできるだけ応諾するようにしています。

私の経験が少しでもみなさんのお役に立てればと思うからです。

また、こんなことを言うのはおこがましいかもしれませんが、ファミリーマートに関しても、私は頼まれてもいないのに「コンビニでチョコといえばファミリーマート」という評価を確立したいと思っています。

ファミリーマートは2年前にサークルKサンクスを傘下に持つユニーグループHDと経営統合し、店舗数を大幅に増やしました。

コンビニチェーンにはそれぞれ得意とするスイーツがあり、ミニストップであればソフトクリーム、ローソンといえばロールケーキ。それぞれに代名詞となるようなスイーツを持っています。

すでに日本経済新聞の土曜版『NIKKEIプラス1』の「コンビニの実力チョコ10選」で、セブン-イレブンの「ゴディバギフトアソートメント」を抑えて、ケンズカフェ東京監修の「生ガトーショコラ」が1位の座に輝きました（2017年2月5日付）。また今年から、ケンズカフェ東京オリジナルのチョコレート「KEN'S」を使用したスイーツも発売しています。

私は「チョコといえば」の言葉の後にすぐ続く存在にファミリーマートを持ってい

きたい。さらには、業界順位も押し上げたい。

これは「人の役に立ちたい」とはちょっと別の使命感みたいなものかもしれませんが、せっかくご縁をいただいたからには、何倍にもしてお返ししたいと思っているのです。

尽くす喜び

面白いもので、人のために動くと、なぜか自分のためだけに動いていたときよりも頭の働きがクリアになります。

人のために頑張って頭を働かせて、ふと自分の店を見ると、「そうか、うちの店にもこういうことができるな」「これを取り入れよう」という新しい視点が生まれます。自分の店や商品だけを見ているときには気づかなかったのに、他人の店を手伝うことで、多くの発見が得られるのです。

特に大きいのは、頑張っている人からエネルギーをもらえることです。いまひとつ成果につながってはいないけど、「なんとかしたい」「なんとかするぞ」と必死で闘っている人と接していると、こちらも力をもらえます。

人の役に立ちたい、そのためなら多少の費用は惜しまないと思えるようになったのは、かつて、5万円、10万円の支払いにも困っていた時期があったからです。あのときにはちょっとの支援だけでも本当にありがたかった。

そのときの気持ちをずっと忘れずにいたいと思います。

自分以外の誰かを支援することで得られる「うれしい」「やってよかった」という気持ちが私を明日へと駆り立てます。

ケンズカフェ東京の売上にプラスになるわけではなく、私のポケットマネーはむしろマイナスですが、支援活動は私にとって「余計なこと」ではなく「必要なこと」。

余計なことをやめ、本質的なビジネスに力を注げるようになったことで、私は自分の事業意欲やモチベーションを活性化し、達成感をもたらしてくれる新たな「やりがい」に出会うことができました。

さあ、あなたにとって本質的に実現したい未来は何でしょうか。その未来に向かって臆せず躊躇せず怖気づかず、まずは余計なものを手放してみませんか。その暁には充足感と明日への英気を養ってくれる「やりがい」や「喜び」を手にすることができるはず。

人生は幸福に向かって続いています。

KEN'S CAFE TOKYO

氏家健治（うじいえけんじ）

「ケンズカフェ東京」オーナーシェフ。1968年東京生まれ。ホテルオークラ東京、赤坂アークヒルズクラブ、レストランマエストロ等、高級店で研鑽を重ね、調理および製菓・製パンの技術を体得する。

1998年、東京・新宿御苑前に「ケンズカフェ東京」を開店。

ファミリーマートのスイーツ監修をはじめライセンスビジネスも展開する。また経営者・起業家向けのビジネス講演会も日本全国で多数おこなっている。著書に『1つ3000円のガトーショコラが飛ぶように売れるワケ』(SB新書）。

装　幀　井上新八
ＤＴＰ　上野秀司
構　成　三田村蕗子
編　集　スターダイバー
編集協力　小野めぐみ
企画協力　高橋秀樹

余計なことはやめなさい！
ガトーショコラだけで年商3億円を実現するシェフのスゴイやり方

2018年11月30日　第一刷発行

著　者　氏家健治

発行者　茨木政彦

発行所　株式会社　集英社
〒101-8051　東京都千代田区一ツ橋2-5-10
編集部　☎03-3230-6068
読者係　☎03-3230-6080
販売部　☎03-3230-6393（書店専用）

印刷所　凸版印刷株式会社

製本所　株式会社ブックアート

集英社ビジネス書公式ウェブサイト　http://business.shueisha.co.jp/
集英社ビジネス書公式 Twitter　https://twitter.com/s_bizbooks(@s_bizbooks)
集英社ビジネス書 Facebook ページ　https://www.facebook.com/s.bizbooks

ISBN 978-4-08-786105-1　C0034